Genetic Grunge

1 • Enthüllungen

Text
ROBERTO BAYETO

Zeichnungen
ZALOZABAL

Carlsen Comics

CARLSEN COMICS
1 2 3 4 06 05 04 03

Aus dem Spanischen von Gudrun Raiser
GENETIC GRUNGE – Revelaciónes

www.safcomics.com

Redaktion: Ralf Keiser
Textbearbeitung: Antje Gürtler
Lettering: Strip Art Features
Herstellung: XiMOX!, Bielefeld
Druck und buchbinderische Verarbeitung:
SAF – Tiskarna Koper

ISBN 3-551-77081-6
Printed in Slovenia

www.carlsencomics.de

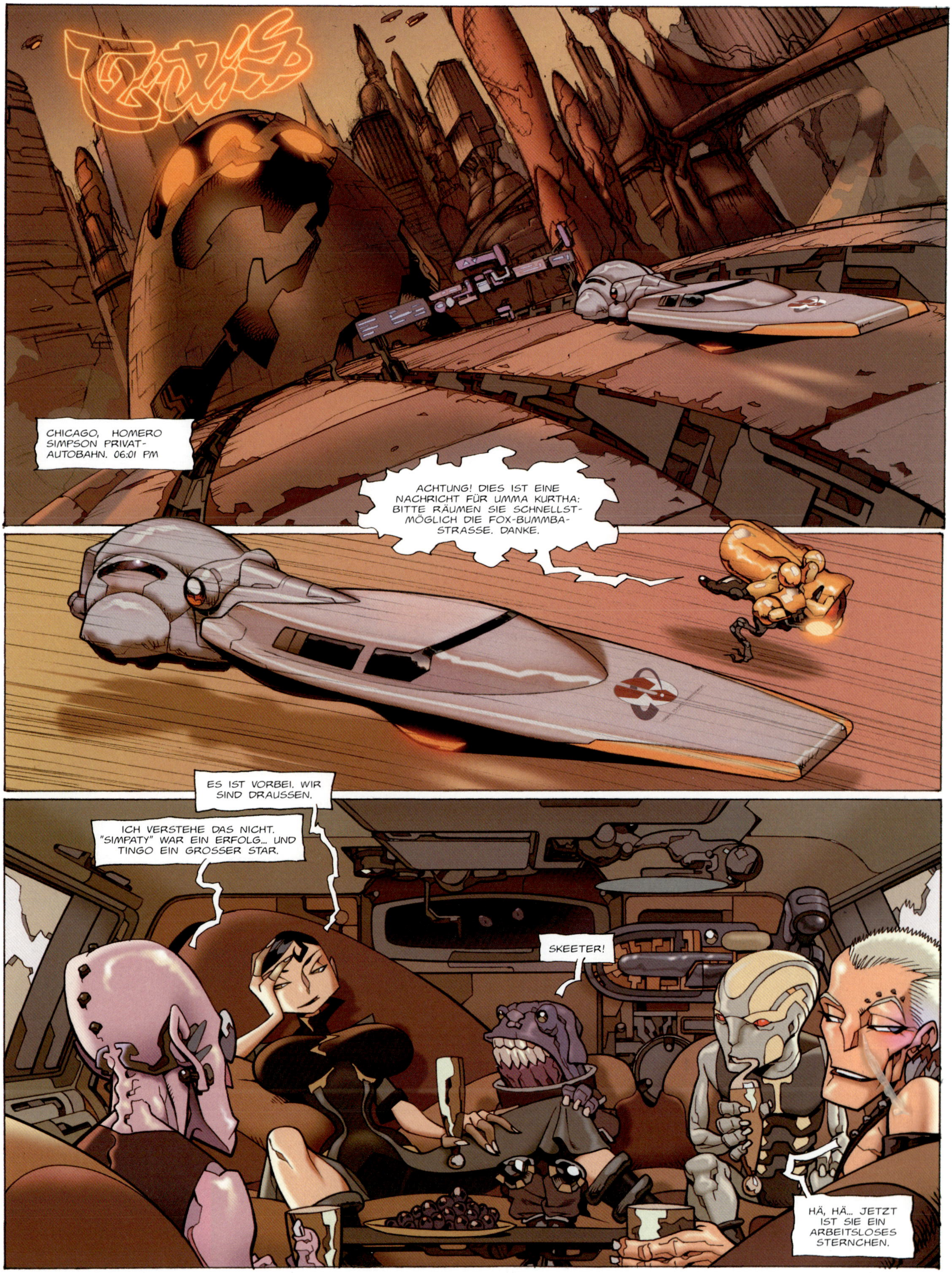
CHICAGO, HOMERO SIMPSON PRIVAT-AUTOBAHN. 06:01 PM
ACHTUNG! DIES IST EINE NACHRICHT FÜR UMMA KURTHA: BITTE RÄUMEN SIE SCHNELLST-MÖGLICH DIE FOX-BUMMBA-STRASSE. DANKE.
ES IST VORBEI. WIR SIND DRAUSSEN.
ICH VERSTEHE DAS NICHT. "SIMPATY" WAR EIN ERFOLG... UND TINGO EIN GROSSER STAR.
SKEETER!
HÄ, HÄ... JETZT IST SIE EIN ARBEITSLOSES STERNCHEN.

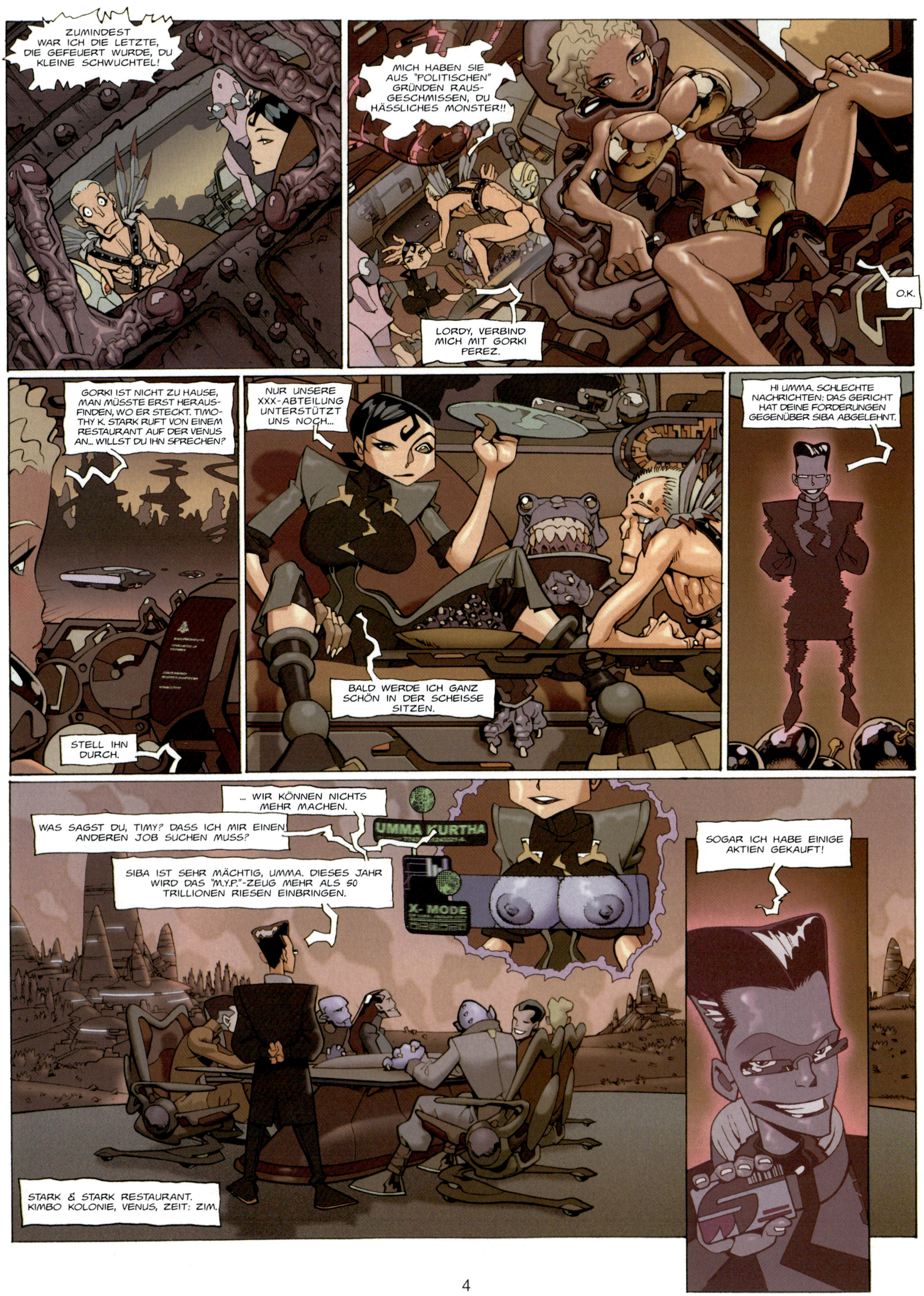
ZUMINDEST WAR ICH DIE LETZTE, DIE GEFEUERT WURDE, DU KLEINE SCHWUCHTEL!
MICH HABEN SIE AUS "POLITISCHEN" GRÜNDEN RAUS-GESCHMISSEN, DU HÄSSLICHES MONSTER!!
LORDY, VERBIND MICH MIT GORKI PEREZ.
O.K.
GORKI IST NICHT ZU HAUSE, MAN MÜSSTE ERST HERAUS-FINDEN, WO ER STECKT. TIMO-THY K. STARK RUFT VON EINEM RESTAURANT AUF DER VENUS AN... WILLST DU IHN SPRECHEN?
STELL IHN DURCH.
NUR UNSERE XXX-ABTEILUNG UNTERSTÜTZT UNS NOCH...
BALD WERDE ICH GANZ SCHÖN IN DER SCHEISSE SITZEN.
HI UMMA. SCHLECHTE NACHRICHTEN: DAS GERICHT HAT DEINE FORDERUNGEN GEGENÜBER SIBA ABGELEHNT.
WAS SAGST DU, TIMY? DASS ICH MIR EINEN ANDEREN JOB SUCHEN MUSS?
... WIR KÖNNEN NICHTS MEHR MACHEN.
SIBA IST SEHR MÄCHTIG, UMMA. DIESES JAHR WIRD DAS "M.Y.P."-ZEUG MEHR ALS 50 TRILLIONEN RIESEN EINBRINGEN.
UMMA KURTHA
X-MODE
STARK & STARK RESTAURANT. KIMBO KOLONIE, VENUS, ZEIT: ZIM.
SOGAR ICH HABE EINIGE AKTIEN GEKAUFT!

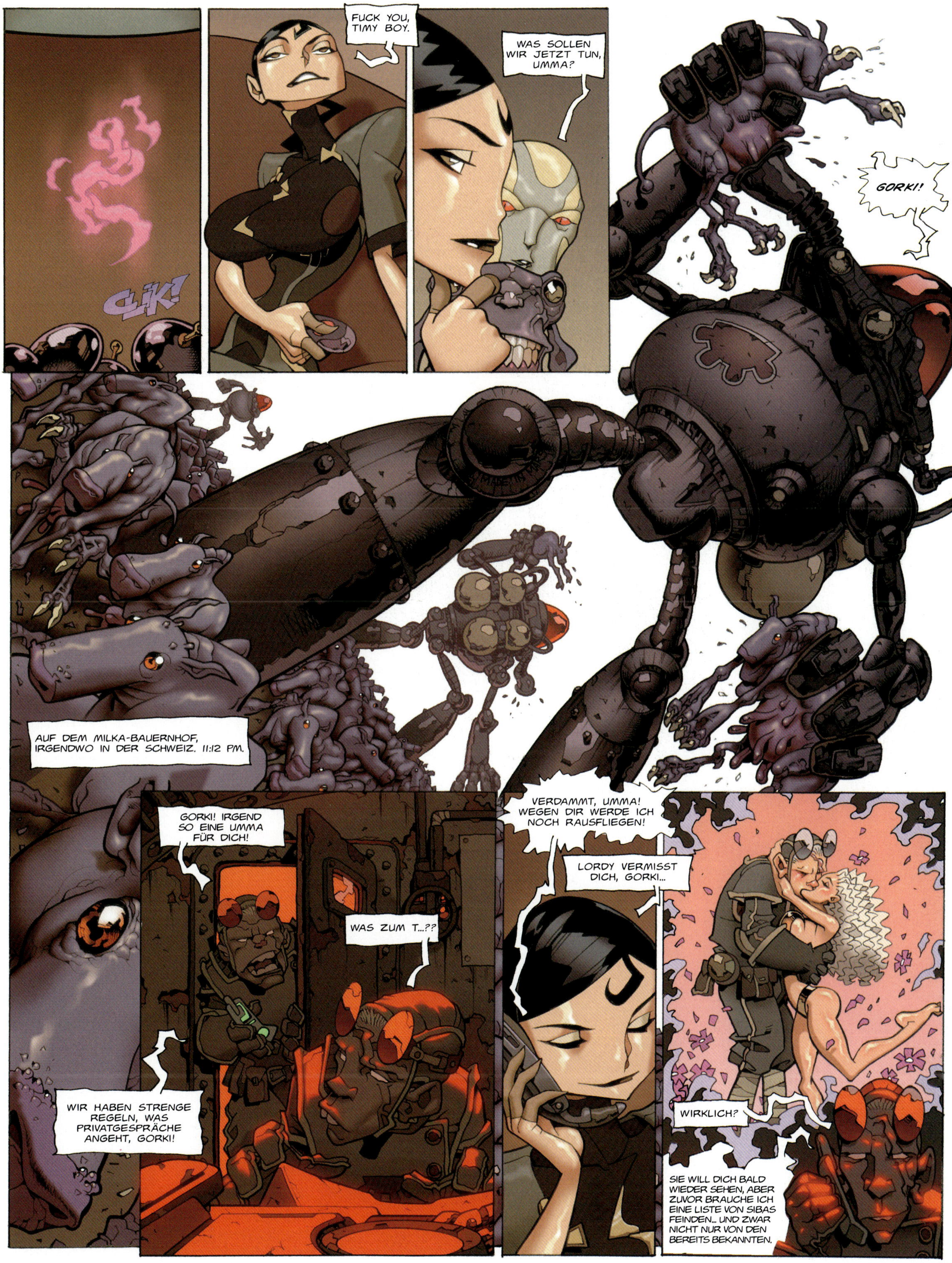

CLIK!
FUCK YOU, TIMY BOY.
WAS SOLLEN WIR JETZT TUN, UMMA?
GORKI!
AUF DEM MILKA-BAUERNHOF, IRGENDWO IN DER SCHWEIZ. 11:12 PM.
GORKI! IRGEND SO EINE UMMA FÜR DICH!
WAS ZUM T...??
WIR HABEN STRENGE REGELN, WAS PRIVATGESPRÄCHE ANGEHT, GORKI!
VERDAMMT, UMMA! WEGEN DIR WERDE ICH NOCH RAUSFLIEGEN!
LORDY VERMISST DICH, GORKI...
WIRKLICH?
SIE WILL DICH BALD WIEDER SEHEN, ABER ZUVOR BRAUCHE ICH EINE LISTE VON SIBAS FEINDEN... UND ZWAR NICHT NUR VON DEN BEREITS BEKANNTEN.

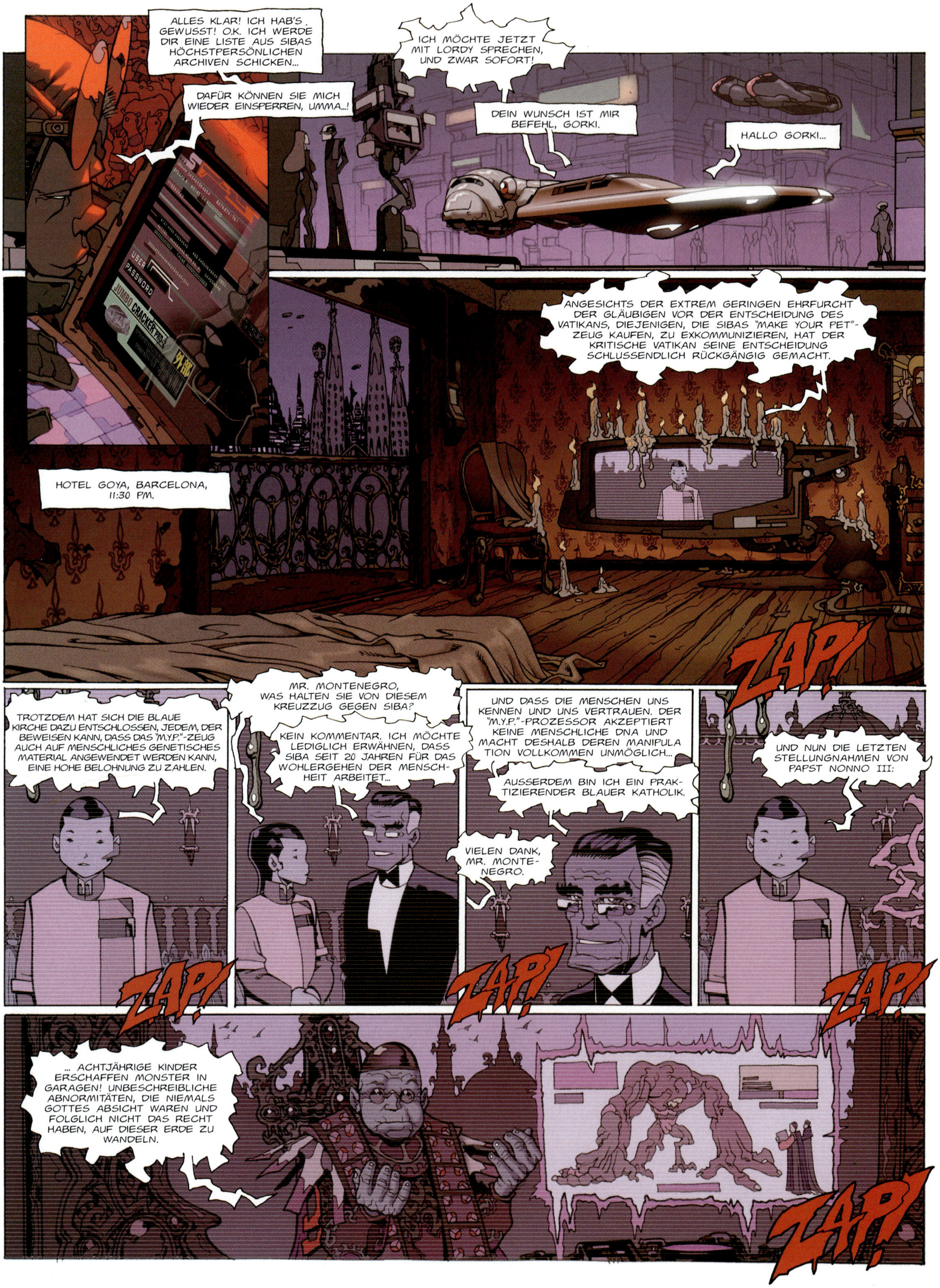
ALLES KLAR! ICH HAB'S GEWUSST! O.K. ICH WERDE DIR EINE LISTE AUS SIBAS HÖCHSTPERSÖNLICHEN ARCHIVEN SCHICKEN...
DAFÜR KÖNNEN SIE MICH WIEDER EINSPERREN, UMMA...!
ICH MÖCHTE JETZT MIT LORDY SPRECHEN, UND ZWAR SOFORT!
DEIN WUNSCH IST MIR BEFEHL, GORKI.
HALLO GORKI...
USER
PASSWORD
JUMBO CRACKER
ANGESICHTS DER EXTREM GERINGEN EHRFURCHT DER GLÄUBIGEN VOR DER ENTSCHEIDUNG DES VATIKANS, DIEJENIGEN, DIE SIBAS "MAKE YOUR PET"-ZEUG KAUFEN, ZU EXKOMMUNIZIEREN, HAT DER KRITISCHE VATIKAN SEINE ENTSCHEIDUNG SCHLUSSENDLICH RÜCKGÄNGIG GEMACHT.
HOTEL GOYA, BARCELONA, 11:30 PM.
ZAP!
TROTZDEM HAT SICH DIE BLAUE KIRCHE DAZU ENTSCHLOSSEN, JEDEM, DER BEWEISEN KANN, DASS DAS "M.Y.P."-ZEUG AUCH AUF MENSCHLICHES GENETISCHES MATERIAL ANGEWENDET WERDEN KANN, EINE HOHE BELOHNUNG ZU ZAHLEN.
ZAP!
MR. MONTENEGRO, WAS HALTEN SIE VON DIESEM KREUZZUG GEGEN SIBA?
KEIN KOMMENTAR. ICH MÖCHTE LEDIGLICH ERWÄHNEN, DASS SIBA SEIT 20 JAHREN FÜR DAS WOHLERGEHEN DER MENSCHHEIT ARBEITET...
ZAP!
UND DASS DIE MENSCHEN UNS KENNEN UND UNS VERTRAUEN. DER "M.Y.P."-PROZESSOR AKZEPTIERT KEINE MENSCHLICHE DNA UND MACHT DESHALB DEREN MANIPULATION VOLLKOMMEN UNMÖGLICH...
AUSSERDEM BIN ICH EIN PRAKTIZIERENDER BLAUER KATHOLIK.
VIELEN DANK, MR. MONTENEGRO.
UND NUN DIE LETZTEN STELLUNGNAHMEN VON PAPST NONNO III:
ZAP!
... ACHTJÄHRIGE KINDER ERSCHAFFEN MONSTER IN GARAGEN! UNBESCHREIBLICHE ABNORMITÄTEN, DIE NIEMALS GOTTES ABSICHT WAREN UND FOLGLICH NICHT DAS RECHT HABEN, AUF DIESER ERDE ZU WANDELN.
ZAP!

SIBA SAGT, DASS DAS "M.Y.P." NICHT AUF MENSCHLICHES MATERIAL ANGEWENDET WERDEN KANN, ABER WIR WISSEN, DASS DAS DOCH GEHT... UND DESHALB BRAUCHEN WIR DICH...
ZAP!
... MANN DES GLAUBENS.
HILF UNS MIT DIESER SCHRECKLICHSTEN ALLER SÜNDEN FERTIG ZU WERDEN.
DIE DEN TEUFEL LÄCHELN LÄSST.
UND DIE IHM, WENN WIR ES ZULASSEN, DIE CHANCE GIBT, DAS MEISTERWERK GOTTES, DEN MENSCHEN, MIT FÜSSEN ZU TRETEN.
HILF UNS, DU MANN DES GLAUBENS.

UMMA, ICH MUSS DRINGEND AUF TOILETTE, ABER SIE HABEN DIE KONZESSION FÜR DIESE KABINEN AN BIG BROTHER VERKAUFT!
WOLLEN SIE EINEN NITRO-TURBULENZ-FLITZER, MR. LIMO?
Big Brother
WIRD DAS NOCH ARG LANGE DAUERN, GORKI?
VIP
COFFEE SHOP
COMBO 1
COMBO 2
COMBO 3
FUEL & FOOD
NUR NOCH 5 MINUTEN...
ES IST SCHWIERIGER ALS SONST; SIE HABEN DIE SICHERHEITSVORKEHRUNGEN VERSCHÄRFT... ERWARTEN SIE EINEN ANGRIFF?
... DIE NIEMALS GOTTES ABSICHT WAREN UND FOLGLICH NICHT DAS RECHT HABEN, AUF DIESER ERDE ZU WANDELN.
VERPASST DU ETWA DEINE "CHANCE"?
... NUR NOCH EINE MINUTE...
HEY UMMA, HÖR DIR DAS AN.
SIBA SAGT...
... DASS DAS "M.Y.P." NICHT AUF MENSCHLICHES MATERIAL ANGEWENDET WERDEN KANN, ABER WIR WISSEN, DASS DAS DOCH GEHT... UND DESHALB BRAUCHEN WIR DICH...

... MANN DES GLAUBENS.
HILF UNS MIT DIESER SCHRECKLICHSTEN ALLER SÜNDEN FERTIG ZU WERDEN.
ICH HAB'S!!
ICH WERDE ES SOFORT TRANSFERIEREN... UMMA?
UMMA... BIST DU DA?
WHSSSHHH!!
WAS ZUM TEUFEL...??
UMMA!! UMMA!! DU VERDAMMTE SCHLAMPE.
DU VERDAMMTES MISTSTÜCK! DU HAST ES WIEDER GETAN!
HALTET IHN AUF, JUNGS!
STUMP!
LOS, KOMMT ALLE MIT! GORKI IST TOTAL ÜBER-GESCHNAPPT!!

HAST DU ALLES NOTIERT, LORDY?
ALLES.
ACHTUNG, HALTEN SIE SICH BEREIT, WIR WERDEN WEITERE 200 AUFNEHMEN.
WIE SEH ICH AUS? ICH MÖCHTE MICH NICHT WIE DIESE IDIOTEN BLAMIEREN.
KEINE SORGE, DU WIRST SICHER AUFFALLEN...
BLEIB HIER, LORDY.
OBWOHL DIESE SCHUHE...
... UND DENK DARAN, DAS GESAMTE GELD VON UNSEREN KONTEN ABZUHEBEN, BEVOR SIE SIE SPERREN KÖNNEN!
DEPROGRAMMIERER, DETEKTIV, BANKKONTEN... JA, DAS IST ALLES.
LIEBE BRÜDER, BITTE GEHT ZU DEN EINGÄNGEN 4 UND 5, UND MACHT EUCH FÜR DIE REINIGENDEN DUSCHEN BEREIT!

NAME UND BESCHÄFTIGUNG?
EDDIE NASH, DROGENHÄNDLER UND CHORSÄNGER.
HOLY CUSTOMS
HOLY SHOWERS
NACHDEM SIE DEN MINISTRANTEN IHRE SACHEN GEGEBEN HABEN, GEHEN SIE BITTE ZU DEN HEILIGEN DUSCHEN AUF DER RECHTEN SEITE.
ICH HABE GERADE EINE EXTRATERRESTRISCHE ZYSTE IN IHREM KÖRPER ENTDECKT. SOLL ICH SIE ENTFERNEN?
BITTE, SCHAUEN SIE NICHT AUF DEN HINTERN IHRES NACHBARN.
SIE HABEN EINE GRANATE IN IHREM HINTERN. BITTE GEHEN SIE ZUR PFÖRTNER-LOGE ZURÜCK!
LIEBE BRÜDER, JETZT KÖNNT IHR EUCH ALS RITTER DIESES NEUEN "KREUZZUGES" BETRACHTEN. IN IHM WERDET IHR FÜR DIE GNADE GOTTES UND GEGEN EINE BETRÄCHTLICHE FI-NANZIELLE BELOHNUNG KÄMPFEN. WENN IHR AUS DEN DUSCHEN KOMMT...
... NEHMT EURE NEUEN UNIFORMEN UND GEHT ZUR KATECHESE I.
FLUSH!
BITTE, SCHAUEN SIE NICHT AUF DEN HINTERN IHRES NACH-BARN.

UND JETZT RAUS AUS DEN DUSCHEN, HIER SIND IHRE UNIFORMEN!!
WILLKOMMEN, LIEBE BRÜDER, ICH BIN PATER KARRAS...
IST DAS KATECHESE I?
... UND ICH HABE DIE AUFGABE, IHRE GRUPPE ZU BEAUFSICHTIGEN. IN DIESER WOCHE WERDEN SIE EXTREM UMFANGREICHE INSTRUKTIONEN ERHALTEN, WIE SIE DAS BÖSE ENTDECKEN.
... UND ES MIT ALLEN - AUCH ÄUSSERST "UNORTHODOXEN" - MITTELN BEKÄMPFEN.
ES IST SO WEIT: ICH MUSS DARAUF VORBEREITET SEIN, JEGLICHEN VERSUCH MENTALER INFILTRATION ABZUSCHMETTERN...
EGAL WIE RAFFINIERT ER AUCH SEIN MAG.
DIE VORBEREITUNG BEGINNT JETZT DIREKT. NEHMEN SIE EINEN PFLOCK VON DEM TISCH RECHTS...
WIR WERDEN MIT DEN GRUNDLEGENDEN ANGRIFFSTECHNIKEN AUF VAMPIRE BEGINNEN.
WAS?!
ZUDEM WERDEN SIE IN DIESEN BEIDEN WOCHEN LERNEN, WIE MAN SICH DEM HERRN IN DEMUT NÄHERT...
... WIE WIR IHN MIT UNSEREN TALENTEN ERFREUEN UND SEINE SACHE GEGENÜBER DEM BÖSEN VERTEIDIGEN. SIE WERDEN GESCHULT, DIE GOTTLOSEN ZU ERKENNEN UND DENJENIGEN, DIE IN FINSTERNIS LEBEN, DEN GLAUBEN ZU BRINGEN.
DIE ERDE IST RUND!!
DAS IST ALLES SEHR TRIVIAL.

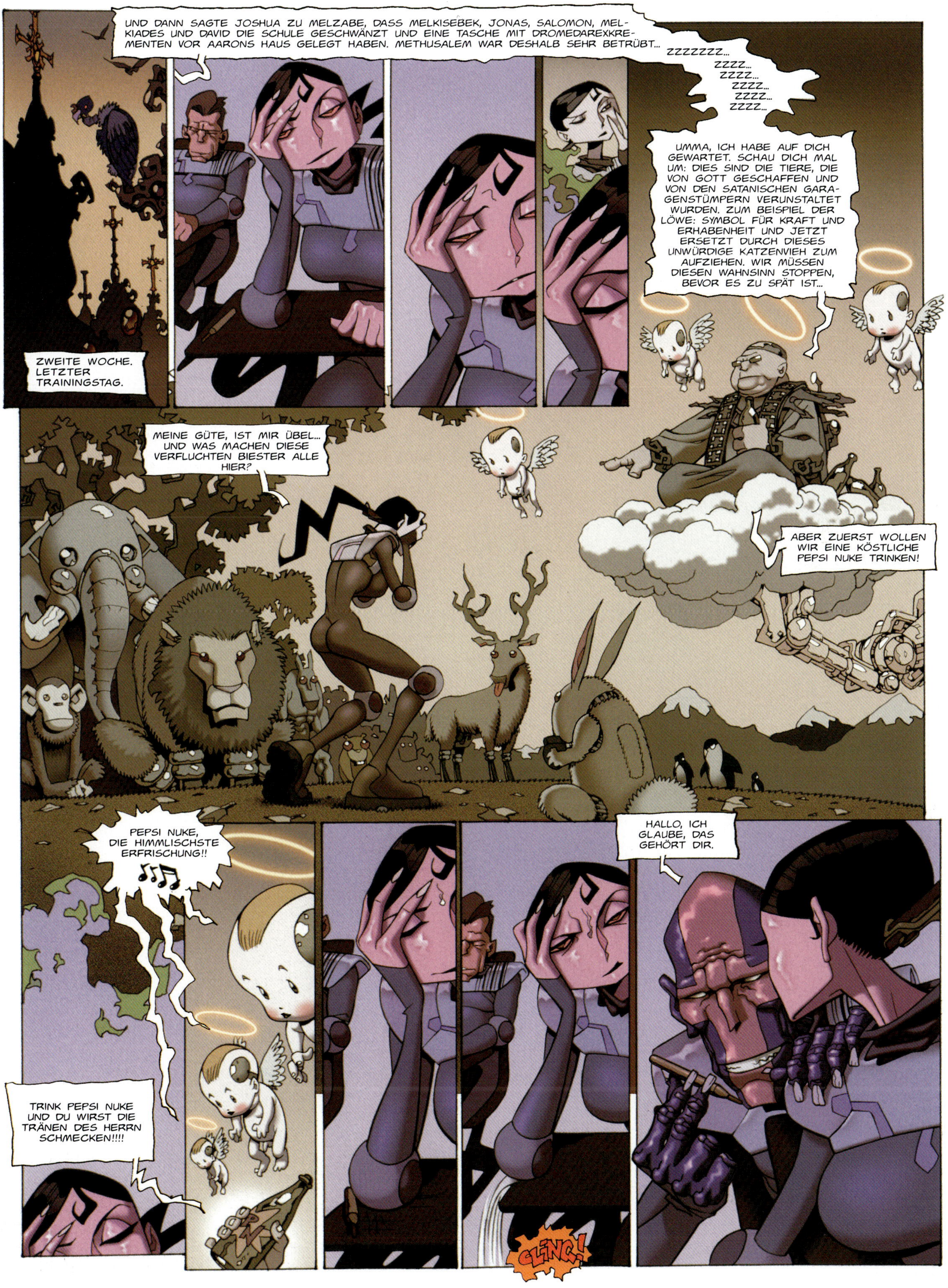
UND DANN SAGTE JOSHUA ZU MELZABE, DASS MELKISEBEK, JONAS, SALOMON, MELKIADES UND DAVID DIE SCHULE GESCHWÄNZT UND EINE TASCHE MIT DROMEDAREXKREMENTEN VOR AARONS HAUS GELEGT HABEN. METHUSALEM WAR DESHALB SEHR BETRÜBT...
ZWEITE WOCHE. LETZTER TRAININGSTAG.
ZZZZZZZ... ZZZZ... ZZZZ... ZZZZ... ZZZZ... ZZZZ...
UMMA, ICH HABE AUF DICH GEWARTET. SCHAU DICH MAL UM: DIES SIND DIE TIERE, DIE VON GOTT GESCHAFFEN UND VON DEN SATANISCHEN GARAGENSTÜMPERN VERUNSTALTET WURDEN. ZUM BEISPIEL DER LÖWE: SYMBOL FÜR KRAFT UND ERHABENHEIT UND JETZT ERSETZT DURCH DIESES UNWÜRDIGE KATZENVIEH ZUM AUFZIEHEN. WIR MÜSSEN DIESEN WAHNSINN STOPPEN, BEVOR ES ZU SPÄT IST...
MEINE GÜTE, IST MIR ÜBEL... UND WAS MACHEN DIESE VERFLUCHTEN BIESTER ALLE HIER?
ABER ZUERST WOLLEN WIR EINE KÖSTLICHE PEPSI NUKE TRINKEN!
PEPSI NUKE, DIE HIMMLISCHSTE ERFRISCHUNG!!
TRINK PEPSI NUKE UND DU WIRST DIE TRÄNEN DES HERRN SCHMECKEN!!!!
CLING!
HALLO, ICH GLAUBE, DAS GEHÖRT DIR.

BRÜCKE DER GERÖSTETEN HEILIGEN, RIO CHICAGO, NORDSEITE, 05:10 PM
MEIN SEGEN SEI MIT EUCH ALLEN. GELIEBTE KINDER, WIR ERFÜLLEN DIESE AUFGABE IM NAMEN DES HERREN UND WERDEN UNS DAFÜR SEINER EWIGLICHEN DANKBARKEIT ERFREUEN...
HEY UMMA! HIERHIN!

DIE LANDEBAHNEN DES VATIKAN SIND WIRKLICH DAS LETZTE.
WIE WAR'S DENN?
FRAG LIEBER NICHT, LORDY.
IST GUT. ICH HABE DETEKTIV DON CHONSON UND JAIME V. DANIKEN, DER STAATSEXAMEN IN DEPROGRAMMIERUNG UND METAPHYSIK HAT, MITGEBRACHT.

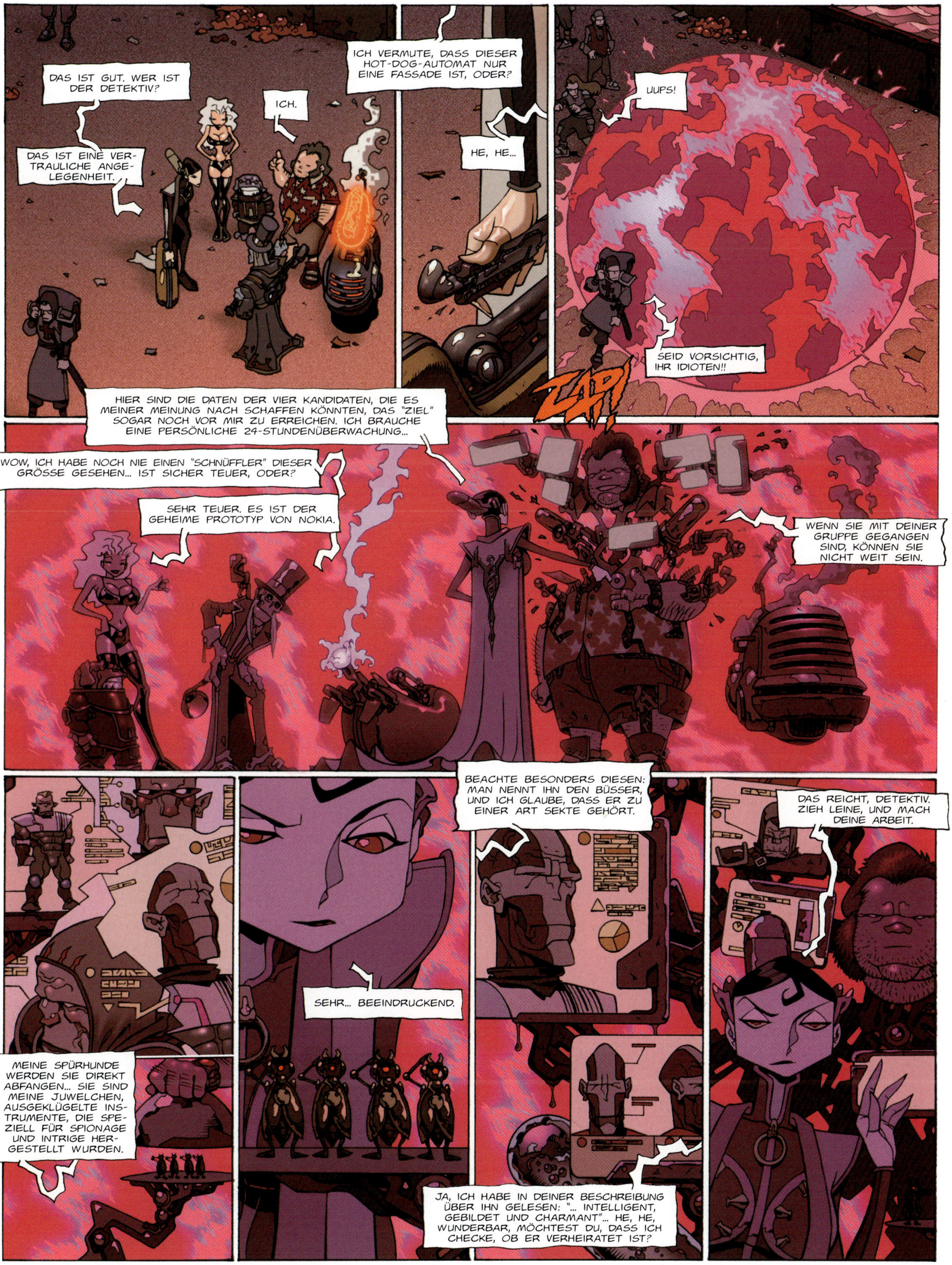
DAS IST GUT. WER IST DER DETEKTIV?
DAS IST EINE VERTRAULICHE ANGELEGENHEIT.
ICH.
ICH VERMUTE, DASS DIESER HOT-DOG-AUTOMAT NUR EINE FASSADE IST, ODER?
HE, HE...
UUPS!
SEID VORSICHTIG, IHR IDIOTEN!!
ZAP!
HIER SIND DIE DATEN DER VIER KANDIDATEN, DIE ES MEINER MEINUNG NACH SCHAFFEN KÖNNTEN, DAS "ZIEL" SOGAR NOCH VOR MIR ZU ERREICHEN. ICH BRAUCHE EINE PERSÖNLICHE 24-STUNDENÜBERWACHUNG...
WOW, ICH HABE NOCH NIE EINEN "SCHNÜFFLER" DIESER GRÖSSE GESEHEN... IST SICHER TEUER, ODER?
SEHR TEUER. ES IST DER GEHEIME PROTOTYP VON NOKIA.
WENN SIE MIT DEINER GRUPPE GEGANGEN SIND, KÖNNEN SIE NICHT WEIT SEIN.
MEINE SPÜRHUNDE WERDEN SIE DIREKT ABFANGEN... SIE SIND MEINE JUWELCHEN, AUSGEKLÜGELTE INSTRUMENTE, DIE SPEZIELL FÜR SPIONAGE UND INTRIGE HERGESTELLT WURDEN.
SEHR... BEEINDRUCKEND.
BEACHTE BESONDERS DIESEN: MAN NENNT IHN DEN BÜSSER, UND ICH GLAUBE, DASS ER ZU EINER ART SEKTE GEHÖRT.
JA, ICH HABE IN DEINER BESCHREIBUNG ÜBER IHN GELESEN: "... INTELLIGENT, GEBILDET UND CHARMANT"... HE, HE, WUNDERBAR, MÖCHTEST DU, DASS ICH CHECKE, OB ER VERHEIRATET IST?
DAS REICHT, DETEKTIV. ZIEH LEINE, UND MACH DEINE ARBEIT.

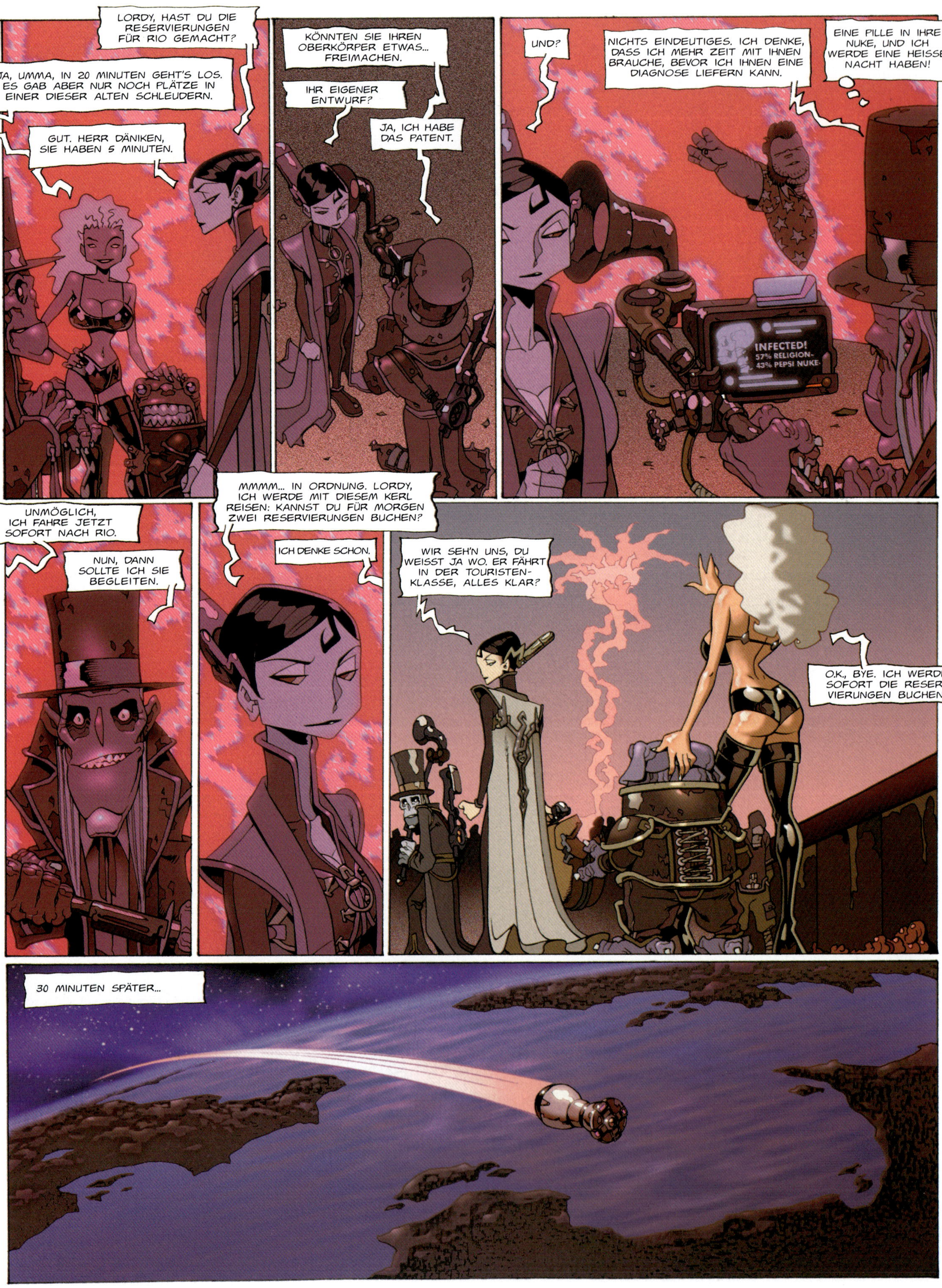
LORDY, HAST DU DIE RESERVIERUNGEN FÜR RIO GEMACHT?
JA, UMMA, IN 20 MINUTEN GEHT'S LOS. ES GAB ABER NUR NOCH PLÄTZE IN EINER DIESER ALTEN SCHLEUDERN.
GUT. HERR DÄNIKEN, SIE HABEN 5 MINUTEN.
KÖNNTEN SIE IHREN OBERKÖRPER ETWAS... FREIMACHEN.
IHR EIGENER ENTWURF?
JA, ICH HABE DAS PATENT.
UND?
NICHTS EINDEUTIGES. ICH DENKE, DASS ICH MEHR ZEIT MIT IHNEN BRAUCHE, BEVOR ICH IHNEN EINE DIAGNOSE LIEFERN KANN.
EINE PILLE IN IHRE NUKE, UND ICH WERDE EINE HEISSE NACHT HABEN!
INFECTED!
57% RELIGION-
43% PEPSI NUKE-
UNMÖGLICH, ICH FAHRE JETZT SOFORT NACH RIO.
NUN, DANN SOLLTE ICH SIE BEGLEITEN.
MMMM... IN ORDNUNG. LORDY, ICH WERDE MIT DIESEM KERL REISEN: KANNST DU FÜR MORGEN ZWEI RESERVIERUNGEN BUCHEN?
ICH DENKE SCHON.
WIR SEH'N UNS, DU WEISST JA WO. ER FÄHRT IN DER TOURISTEN-KLASSE, ALLES KLAR?
O.K., BYE. ICH WERDE SOFORT DIE RESER-VIERUNGEN BUCHEN.
30 MINUTEN SPÄTER...

START- UND- LANDE-BAHN MANCHETE 7, SAMBODROMO, RIO DE JANEIRO, 20 MINUTEN SPÄTER.
WAS KÜMMERT ES DICH EIGENTLICH, OB ICH AUS EINEM GLAS TRINKE ODER NICHT? ICH MAG ES, MEIN NUKE DIREKT AUS DER FLASCHE ZU TRINKEN...! UND WAS IST MIT DER DIAGNOSE? DIE SOLLTE DOCH DIREKT MÖGLICH SEIN, DACHTE ICH?
... ICH KANN BEREITS SEINE WIRKUNG SPÜREN. ICH FÜHLE MICH STÄRKER, SCHÖNER, AKTIVER...! ICH WILL! ICH WILL...! MEHR! MEHR! MEHR!
DAS IST EINE SEHR KOMPLEXE WISSENSCHAFT, FRÄULEIN UMMA.
MMMM... ICH BIN SOFORT WIEDER DA, ICH HOL MIR NEUES NUKE.
IDIOT!
BITTE ZUR FAVELA "XUXA'S KINDER".
UMMA KURTHA?? ICH GLAUB'S NICHT!
HALLO GAROTO.
ALSO STIMMT ES, DASS DAS "M.Y.P." DEINE AGENTUR FÜR PHÄNOMENE RUINIERT HAT?
ICH BIN NICHT RUINIERT, GAROTO.
ICH HABE DICH NOCH NIE DURCH DEN 3.-KLASSE-EINGANG KOMMEN SEHEN...
JA, DAS IST SELT-SAM, NICHT WAHR?
SEI VORSICHTIG, DA UNTEN HABEN SIE EIN PAAR ALTE TUNGUSKA ALS WÄCHTER.

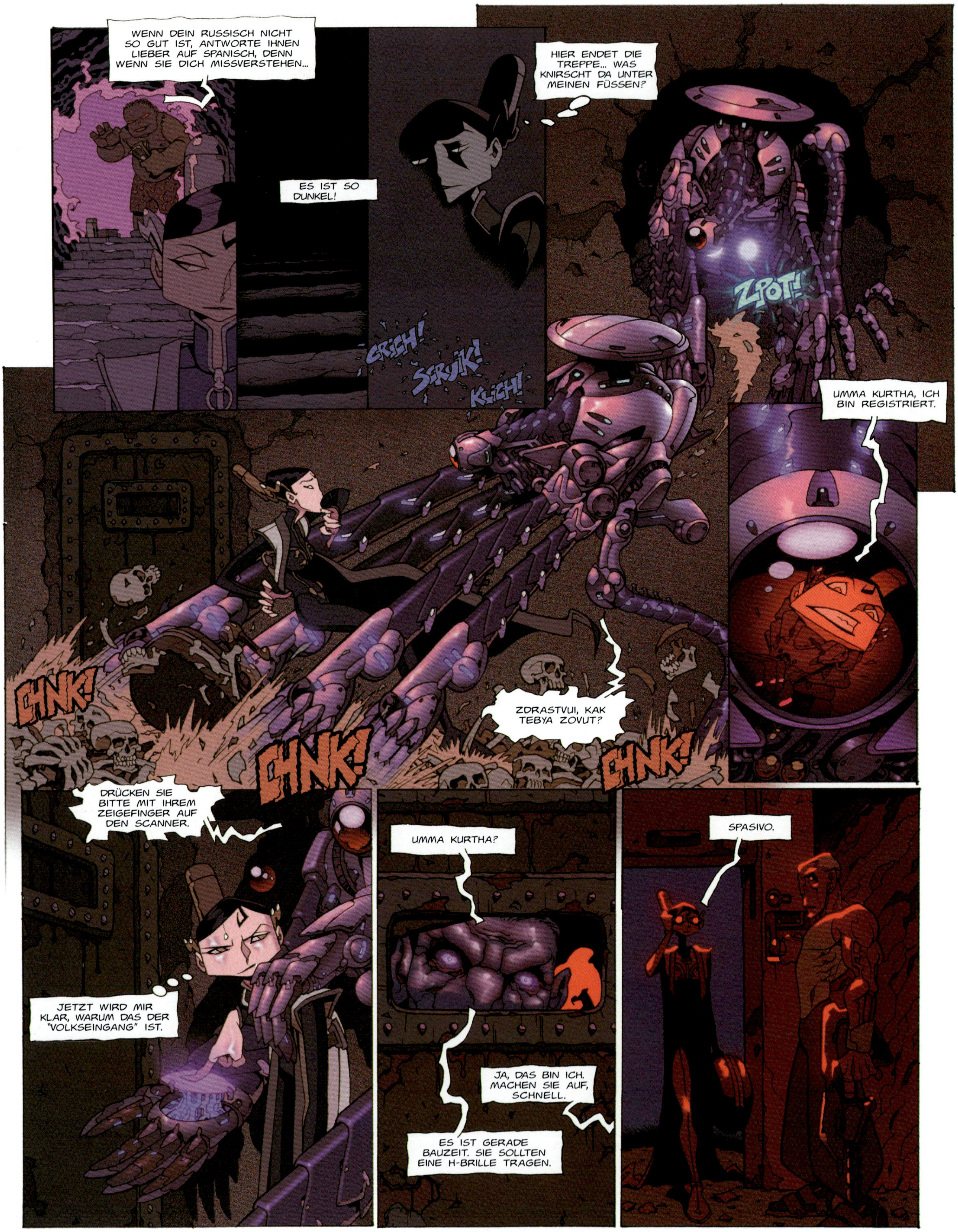

WENN DEIN RUSSISCH NICHT SO GUT IST, ANTWORTE IHNEN LIEBER AUF SPANISCH, DENN WENN SIE DICH MISSVERSTEHEN...
ES IST SO DUNKEL!
CRICH! SCRUIK! KLICH!
HIER ENDET DIE TREPPE... WAS KNIRSCHT DA UNTER MEINEN FÜSSEN?
ZPOT!
CHNK!
CHNK!
ZDRASTVUI, KAK TEBYA ZOVUT?
CHNK!
UMMA KURTHA, ICH BIN REGISTRIERT.
DRÜCKEN SIE BITTE MIT IHREM ZEIGEFINGER AUF DEN SCANNER.
JETZT WIRD MIR KLAR, WARUM DAS DER "VOLKSEINGANG" IST.
UMMA KURTHA?
JA, DAS BIN ICH. MACHEN SIE AUF, SCHNELL.
ES IST GERADE BAUZEIT. SIE SOLLTEN EINE H-BRILLE TRAGEN.
SPASIVO.

MORGEN WIRD EINE FREUNDIN VON MIR DAZUKOMMEN; ICH BÜRGE FÜR SIE. HIER SIND IHRE DATEN.
PEDO PLACER
THE METAL is EXPENSIVE THE FLESH is CHEAP!
1 POUND BEEF 70¢!
1 POUND BEEF 80¢!
STRONG SLAVES
"NEVERLAND-6": WICHTIGSTER, GEHEIMER GENMARKT DER WELT, KONTROLLIERT VON IVAN RYABKO, DEM BOSS DER RUSSENMAFIA.

ICH WOHNE IM WONDERLAND HOTEL, ROSA ZIMMER NR. 4. BIST DU SICHER, DASS DU ES MACHEN KANNST?
KLAR, UMMA, ICH BIN DOCH KEIN KIND MEHR. ZUDEM IST DIE DIGITALE REKONSTRUKTION PERFEKT GELUNGEN, ODER ETWA NICHT?
JA, ES IST EIN GLÜCK, DASS DIESE AFFEN KEINE GENETISCHEN IDENTIFIKATIONS-METHODEN ANWENDEN... ABER DAS HAB ICH NICHT GEMEINT.
FRÄULEIN KURTHA?
IHR ZIMMER IST FERTIG. IN IHRER KARTEI STEHT, DASS SIE NICHT AUF KINDER STEHEN, ABER VIELLEICHT...
... WOLLEN SIE DIE NEUE GENERATION MIT SEXUELLEN VERBESSERUNGEN MAL SEHEN.
WÜNSCHEN SIE EINE ... PROBE SEINER FÄHIGKEITEN?
NEIN DANKE... ICH BEVORZUGE ERWACHSENE.
ICH WERDE DIESE BASTARDE ALLE UMBRINGEN!
UMMA... ICH MÖCHTE DIR NOCHMALS FÜR ALLES, WAS DU FÜR MICH GETAN HAST, DANKEN... ICH...
SEI NICHT ALBERN, LORDY. ICH ERWARTE DICH MORGEN HIER, UND PASS AUF DICH AUF.
TSCHÜSS UMMA...
... UND NOCHMALS DANKE.

TOC! TOC!
LASS MICH LOS DÄMON!
TOC! TOC! TOC! TOC!
WAS IST LOS?
WER... WER IST DA?
ICH BIN'S, LORDY.
EIN MOMENT!
MERKWÜRDIG!
ENTSCHULDIGE, LORDY, ICH WAR TOTAL ERSCHÖPFT... UND HEUTE WIRD EIN AUFREGENDER TAG.
DU HAST KEINE AHNUNG, WIE AUFREGEND. HAST DU SCHON RAUSGESCHAUT?

WAS ZUM TEUFEL...?
SIEHT SO AUS, ALS OB ALL DEINE KREUZZUGKA-MERADEN HIER SIND.
WIE KONNTE DAS PASSIEREN?
ALS ICH KAM, WAREN SIE BEREITS HIER. GLAUBST DU, SIE SIND DIR GEFOLGT?
NEIN, ABER DAS IST JETZT AUCH EGAL. SIE WERDEN MICH BESCHULDIGEN, EINEN DER GEWINN BRINGENDSTEN SCHWARZMÄRKTE DER RUSSENMAFIA ZU "VERKAUFEN".
WAS MACHEN WIR JETZT?
ICH HABE DIESE REISE NICHT UMSONST GE-MACHT. ICH MUSS AMEHD TREFFEN, UND DANACH VERSCHWINDEN WIR!

... VERTRAUEN SIE MIR, ICH GEBE IHNEN 100% GARANTIE DAFÜR.
UNDERWEAR PIZZA
UUUMMA! ICH WUSSTE, DASS DU KOMMEN WÜRDEST.
SSSSHHHHHH!
DU WEISST, WARUM ICH HIER BIN.
NATÜRLICH, ICH KENNE DOCH MEINE BESTEN KUNDEN.
DANKE, AMEHD, ICH MELDE MICH SPÄTER...
DU BIST SEHR IN EILE! HAST DU PROBLEME?
HALLO UMMA.

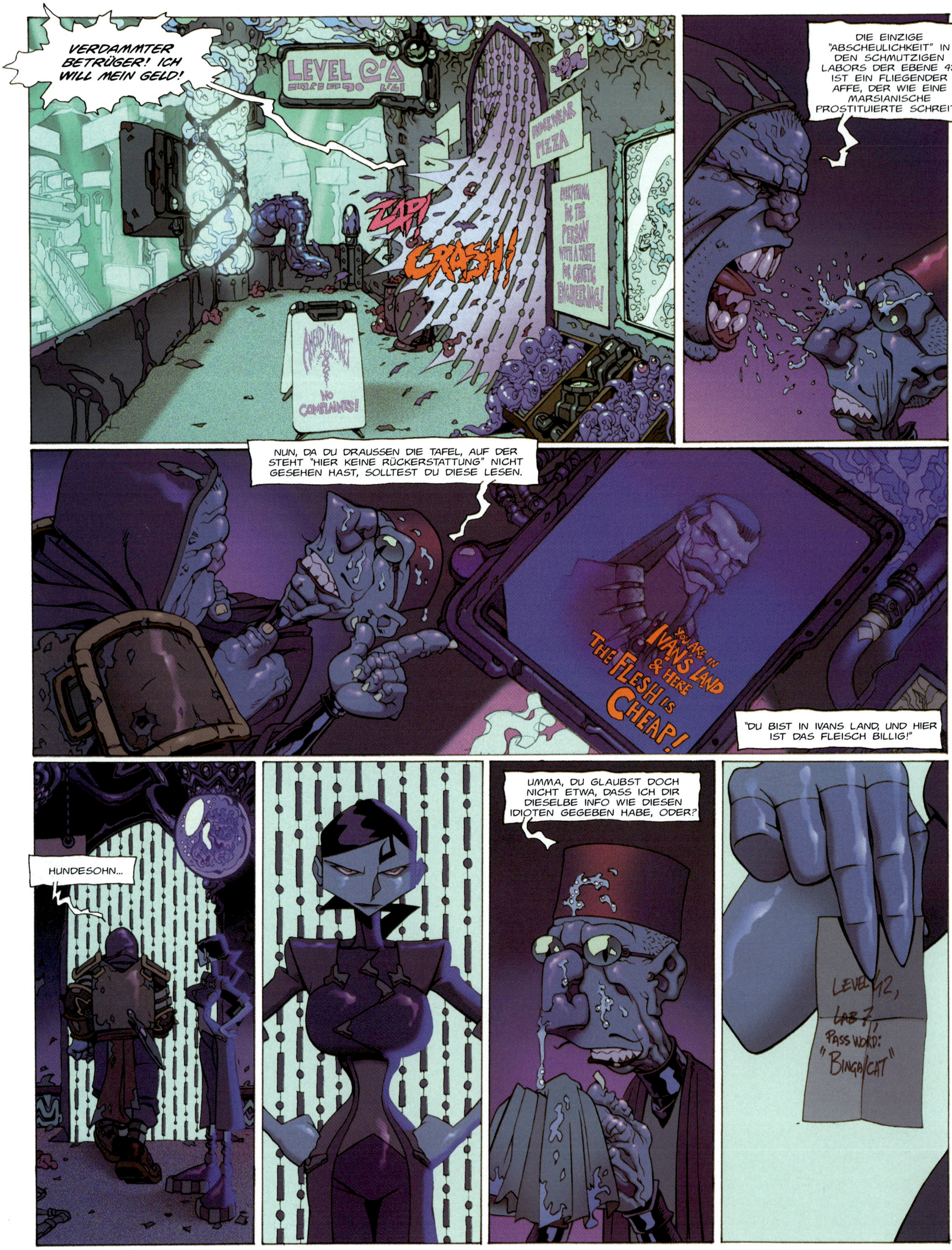
VERDAMMTER BETRÜGER! ICH WILL MEIN GELD!
LEVEL C'A
UNDERWEAR PIZZA
EVERYTHING FOR THE PERSON WITH A TASTE FOR GENETIC ENGINEERING!
ZAP!
CRASH!
NO COMPLAINTS!
DIE EINZIGE "ABSCHEULICHKEIT" IN DEN SCHMUTZIGEN LABORS DER EBENE 42 IST EIN FLIEGENDER AFFE, DER WIE EINE MARSIANISCHE PROSTITUIERTE SCHREIT!!
NUN, DA DU DRAUSSEN DIE TAFEL, AUF DER STEHT "HIER KEINE RÜCKERSTATTUNG" NICHT GESEHEN HAST, SOLLTEST DU DIESE LESEN.
YOU ARE IN IVAN'S LAND & HERE THE FLESH IS CHEAP!
"DU BIST IN IVANS LAND, UND HIER IST DAS FLEISCH BILLIG!"
HUNDESOHN...
UMMA, DU GLAUBST DOCH NICHT ETWA, DASS ICH DIR DIESELBE INFO WIE DIESEN IDIOTEN GEGEBEN HABE, ODER?
LEVEL 12, LAB 7, PASS WORD: "BINGA CAT"

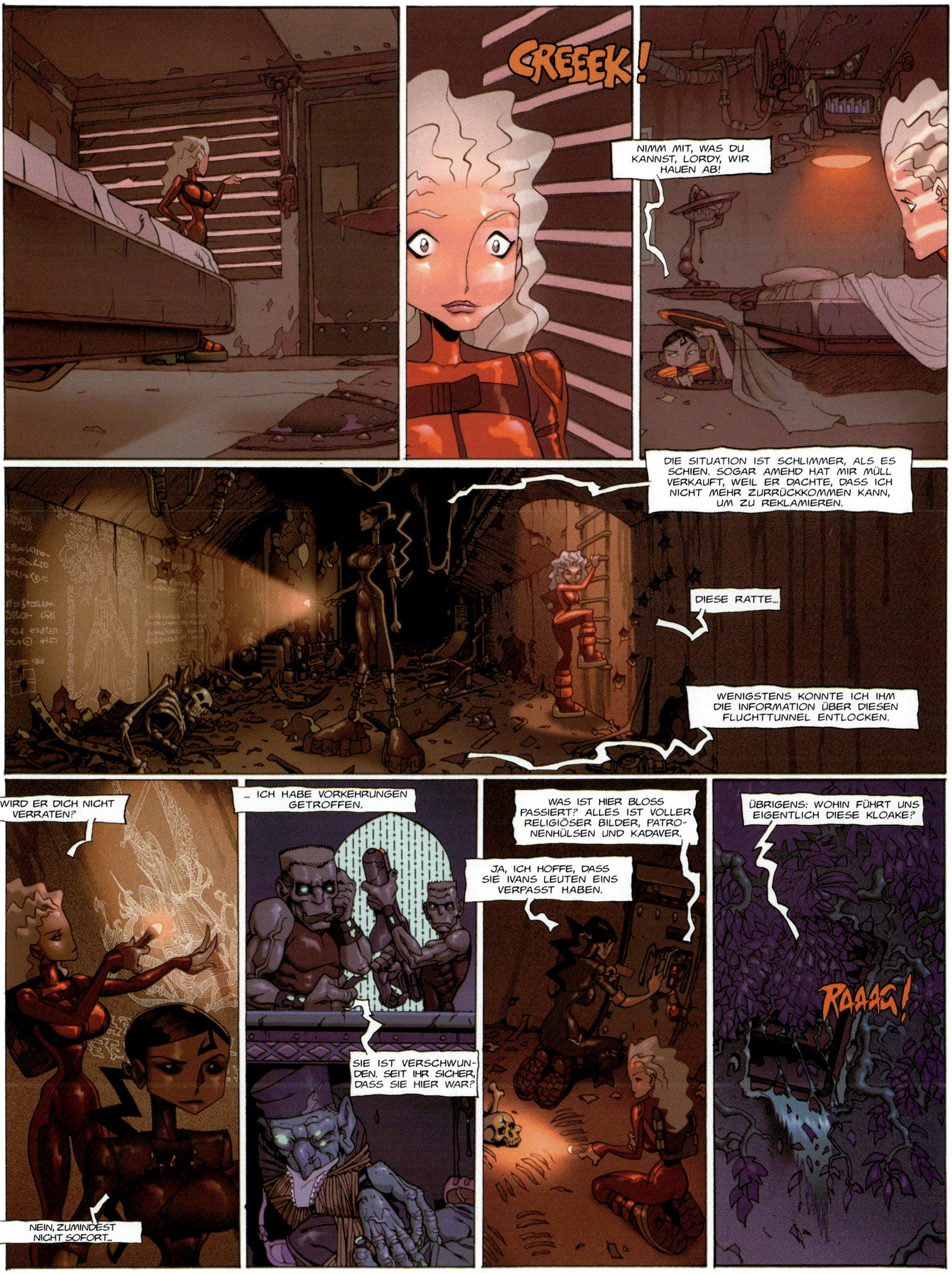
CREEEK!
NIMM MIT, WAS DU KANNST, LORDY, WIR HAUEN AB!
DIE SITUATION IST SCHLIMMER, ALS ES SCHIEN. SOGAR AMEHD HAT MIR MÜLL VERKAUFT, WEIL ER DACHTE, DASS ICH NICHT MEHR ZURRÜCKKOMMEN KANN, UM ZU REKLAMIEREN.
DIESE RATTE...
WENIGSTENS KONNTE ICH IHM DIE INFORMATION ÜBER DIESEN FLUCHTTUNNEL ENTLOCKEN.
WIRD ER DICH NICHT VERRATEN?
NEIN, ZUMINDEST NICHT SOFORT...
... ICH HABE VORKEHRUNGEN GETROFFEN.
SIE IST VERSCHWUNDEN. SEIT IHR SICHER, DASS SIE HIER WAR?
WAS IST HIER BLOSS PASSIERT? ALLES IST VOLLER RELIGIÖSER BILDER, PATRONENHÜLSEN UND KADAVER.
JA, ICH HOFFE, DASS SIE IVANS LEUTEN EINS VERPASST HABEN.
ÜBRIGENS: WOHIN FÜHRT UNS EIGENTLICH DIESE KLOAKE?
RAAAG!

ZUR UNAUFFÄLLIGSTEN REISE-MÖGLICHKEIT NACH RUSSLAND... DEM GEHEIMKREUZER VON GREENPEACE.
WIR GEHEN NACH RUSSLAND??
ES IST DER EINZIGE AUSWEG. ICH HABE EINEN FREUND, DER VIELLEICHT MIT IVAN REDEN UND IHN DAVON ÜBERZEUGEN KANN, DASS ICH SAUBER BIN. WENN NICHT...
2000!
2500!
3000!
... SIND WIR SO GUT WIE TOT.
100.000 DOLLAR!
ES IST SO WEIT, WIR SIND TOTAL BLANK.

WIR BEGLÜCKWÜNSCHEN SIE, UNSER AUSWAHLVERFAHREN BESTANDEN ZU HABEN. WIE SIE WISSEN, HAT EIN SKANDAL IN DEN VIERZIGERN UNSERE GREENPEACE-KREUZER MIT DER ZERSTÖRUNG DES MEERESGRUNDES IN VERBINDUNG GEBRACHT.
DIES HAT UNS DAZU GEZWUNGEN, NUR NOCH DURCH INTERNATIONALE GEWÄSSER ZU FAHREN, UND KLEINE GEHEIME TRANSPORTSCHIFFE WIE DIESES ZU ENTWICKELN, DAS SIE BEREITS IN WENIGEN MINUTEN ZUM "GROSSEN CTHULHU" BRINGEN WIRD. A-PROPOS, MACHEN SIE SICH ZUM UMSTEIGEN BEREIT.
KRANGG!
KRASK!
ELEVATOR
WIE SIE IN DIESEM FLUGBLATT LESEN KÖNNEN, SIND WIR VOLLKOMMEN UNABHÄNGIG VON DEN KORRUPTEN REGIERUNGEN DER OBERFLÄCHE. UNSERE KREUZSCHIFFE SIND AUTARK UND HABEN EINEN KULTIVIERBAREN KERN, WO DIE BESATZUNG UND IHRE FAMILIEN LEBEN!

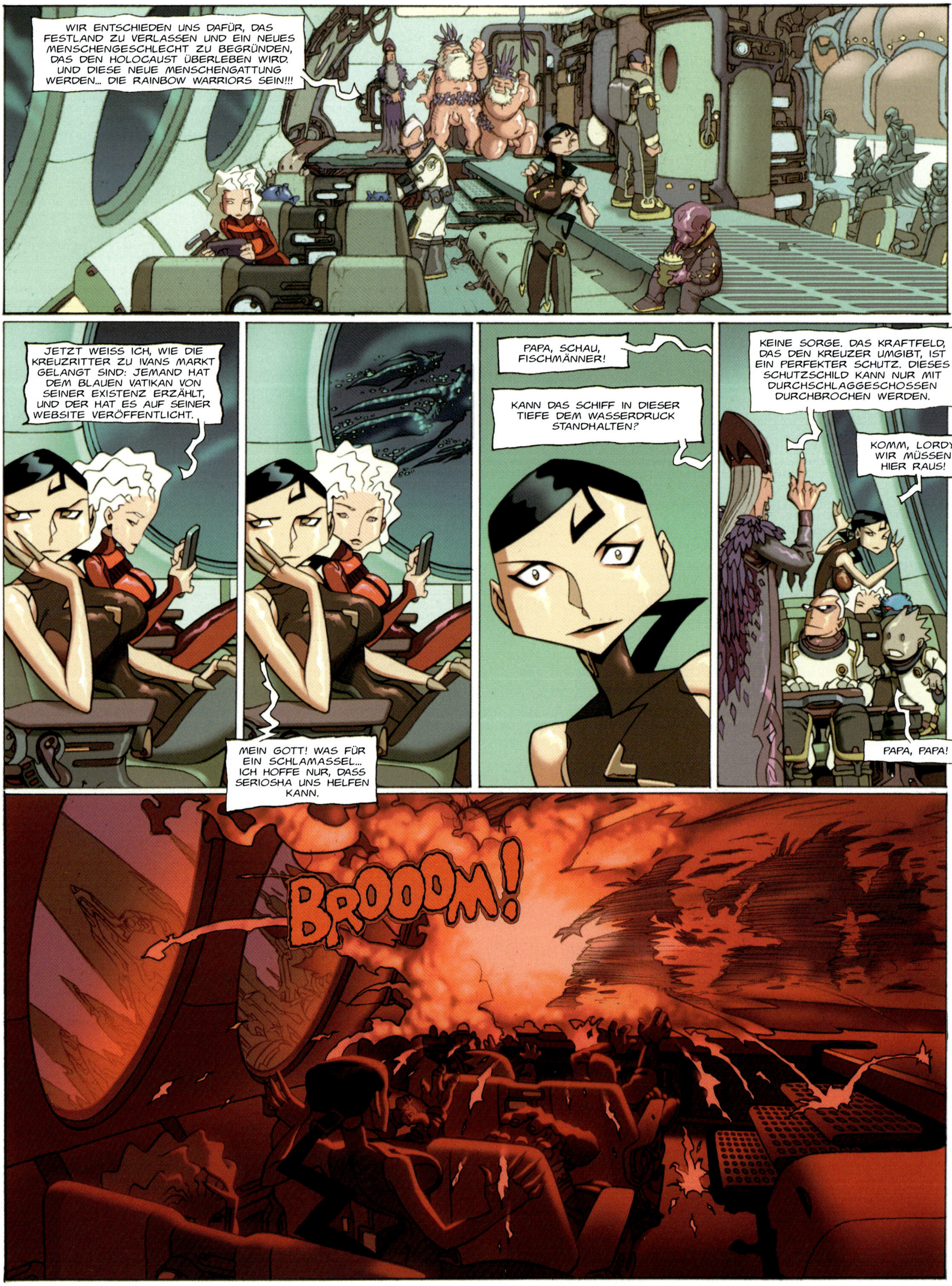
WIR ENTSCHIEDEN UNS DAFÜR, DAS FESTLAND ZU VERLASSEN UND EIN NEUES MENSCHENGESCHLECHT ZU BEGRÜNDEN, DAS DEN HOLOCAUST ÜBERLEBEN WIRD. UND DIESE NEUE MENSCHENGATTUNG WERDEN... DIE RAINBOW WARRIORS SEIN!!!
JETZT WEISS ICH, WIE DIE KREUZRITTER ZU IVANS MARKT GELANGT SIND: JEMAND HAT DEM BLAUEN VATIKAN VON SEINER EXISTENZ ERZÄHLT, UND DER HAT ES AUF SEINER WEBSITE VERÖFFENTLICHT.
MEIN GOTT! WAS FÜR EIN SCHLAMASSEL... ICH HOFFE NUR, DASS SERIOSHA UNS HELFEN KANN.
PAPA, SCHAU, FISCHMÄNNER!
KANN DAS SCHIFF IN DIESER TIEFE DEM WASSERDRUCK STANDHALTEN?
KEINE SORGE. DAS KRAFTFELD, DAS DEN KREUZER UMGIBT, IST EIN PERFEKTER SCHUTZ. DIESES SCHUTZSCHILD KANN NUR MIT DURCHSCHLAGGESCHOSSEN DURCHBROCHEN WERDEN.
KOMM, LORDY. WIR MÜSSEN HIER RAUS!
PAPA, PAPA!
BROOOM!

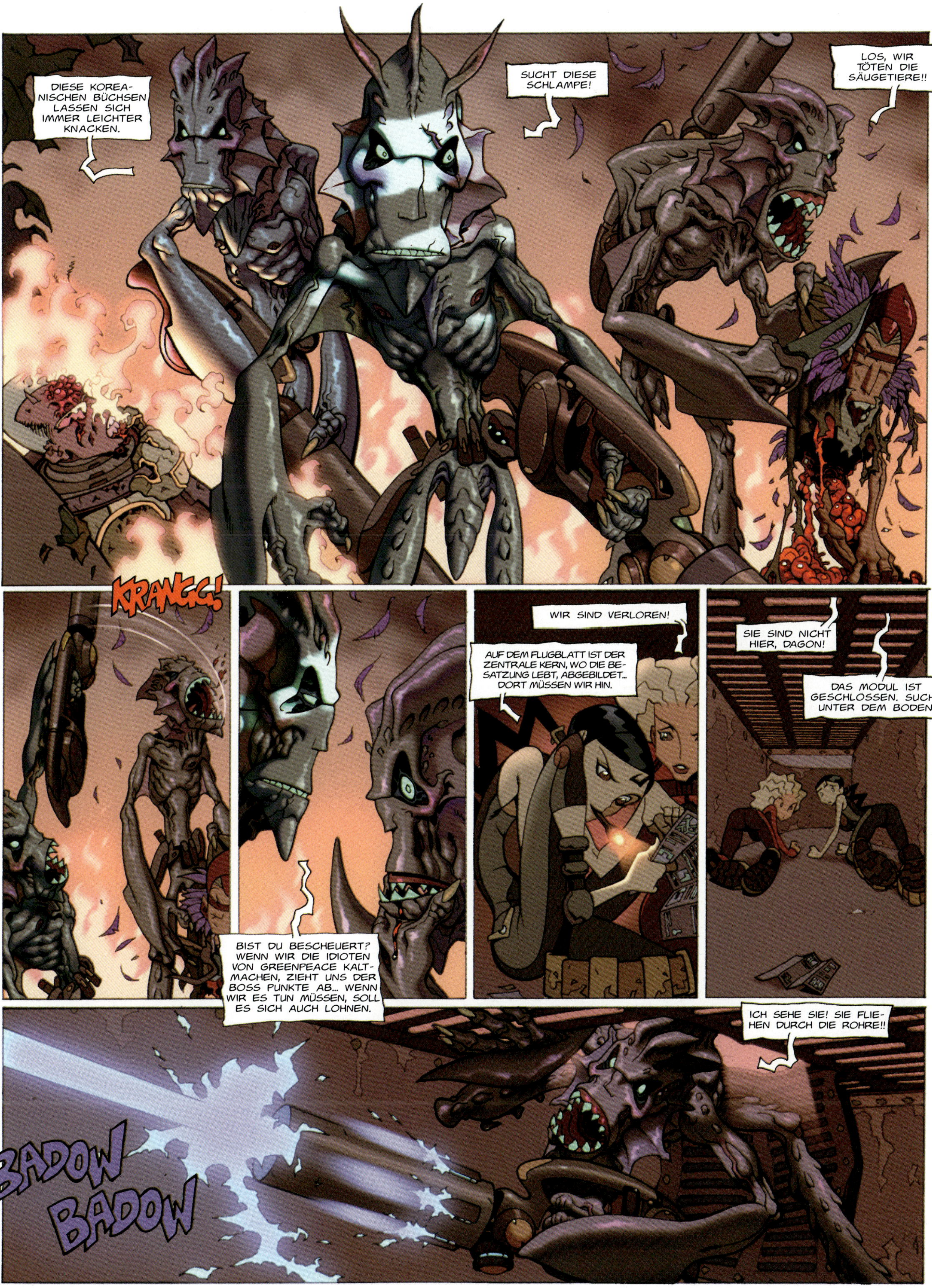
DIESE KOREA-NISCHEN BÜCHSEN LASSEN SICH IMMER LEICHTER KNACKEN.
SUCHT DIESE SCHLAMPE!
LOS, WIR TÖTEN DIE SÄUGETIERE!!
KRANGG!
BIST DU BESCHEUERT? WENN WIR DIE IDIOTEN VON GREENPEACE KALT-MACHEN, ZIEHT UNS DER BOSS PUNKTE AB... WENN WIR ES TUN MÜSSEN, SOLL ES SICH AUCH LOHNEN.
WIR SIND VERLOREN!
AUF DEM FLUGBLATT IST DER ZENTRALE KERN, WO DIE BE-SATZUNG LEBT, ABGEBILDET... DORT MÜSSEN WIR HIN.
SIE SIND NICHT HIER, DAGON!
DAS MODUL IST GESCHLOSSEN. SUCHT UNTER DEM BODEN.
ICH SEHE SIE! SIE FLIE-HEN DURCH DIE ROHRE!!
BADOW BADOW

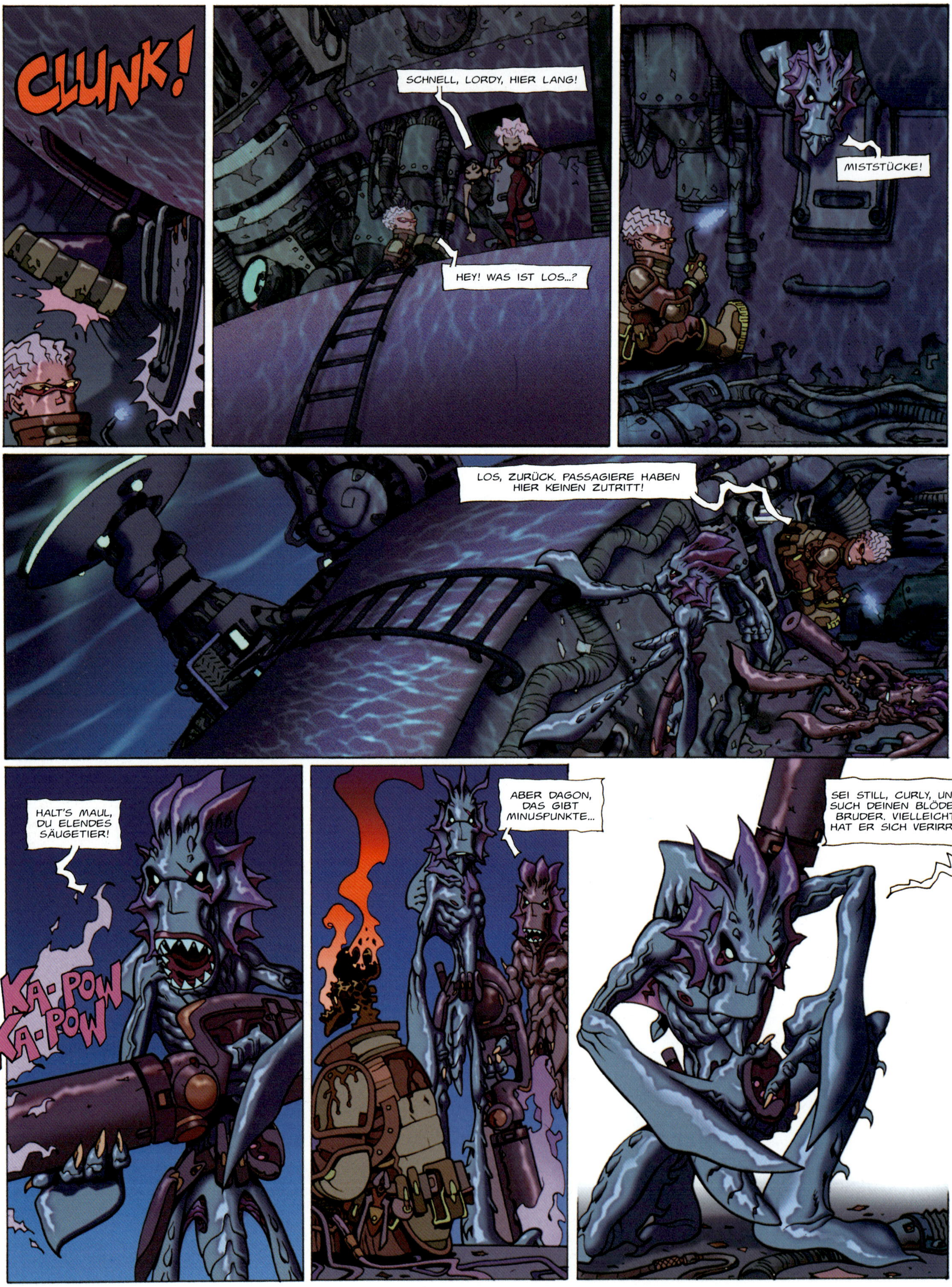
CLUNK!
SCHNELL, LORDY, HIER LANG!
HEY! WAS IST LOS...?
MISTSTÜCKE!
LOS, ZURÜCK. PASSAGIERE HABEN HIER KEINEN ZUTRITT!
HALT'S MAUL, DU ELENDES SÄUGETIER!
KA-POW KA-POW
ABER DAGON, DAS GIBT MINUSPUNKTE...
SEI STILL, CURLY, UND SUCH DEINEN BLÖDEN BRUDER. VIELLEICHT HAT ER SICH VERIRRT.

BLOOP!
BLOOP!
KRAANGG!
RAAAG!
MIT SEINEN KRAFTDEMONSTRATIONEN VERSUCHT DAGON IMMER, UNS KLEIN ZU HALTEN... WIR WERDEN ES IHM ZEIGEN...
LARRY...?

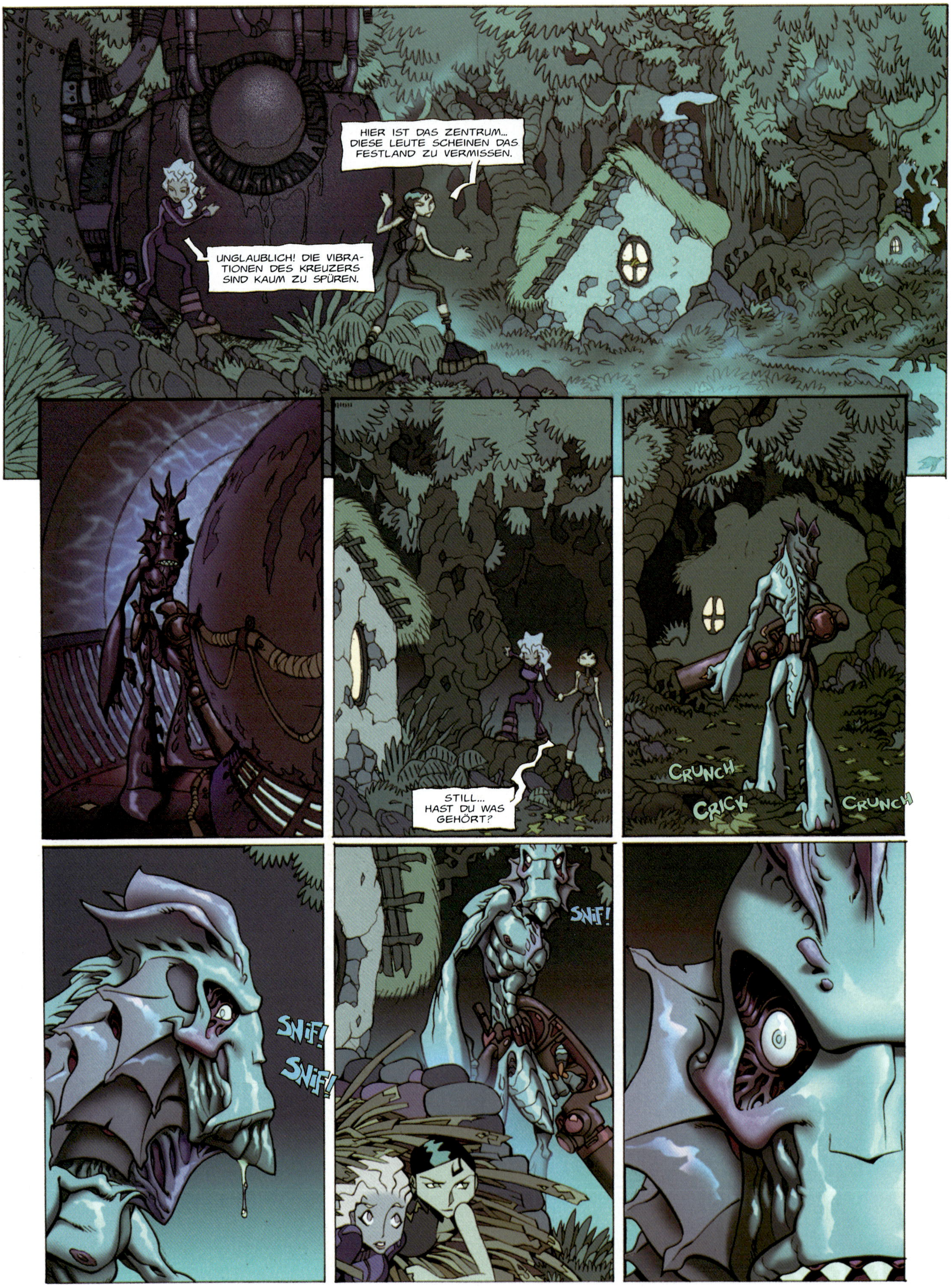
HIER IST DAS ZENTRUM... DIESE LEUTE SCHEINEN DAS FESTLAND ZU VERMISSEN.
UNGLAUBLICH! DIE VIBRATIONEN DES KREUZERS SIND KAUM ZU SPÜREN.
STILL... HAST DU WAS GEHÖRT?
CRUNCH
CRICK
CRUNCH
SNIF!
SNIF!
SNIF!

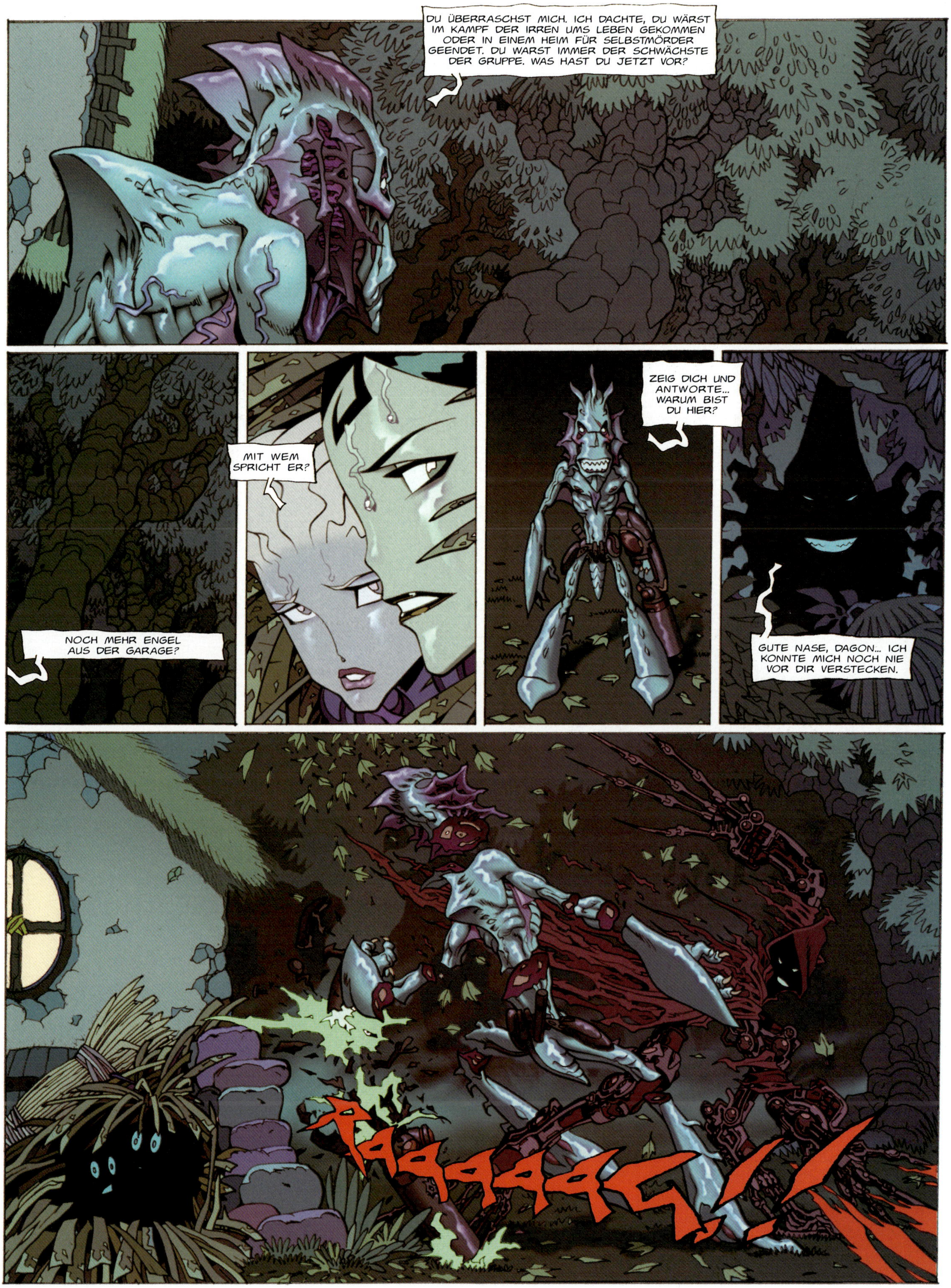
DU ÜBERRASCHST MICH. ICH DACHTE, DU WÄRST IM KAMPF DER IRREN UMS LEBEN GEKOMMEN ODER IN EINEM HEIM FÜR SELBSTMÖRDER GEENDET. DU WARST IMMER DER SCHWÄCHSTE DER GRUPPE. WAS HAST DU JETZT VOR?
NOCH MEHR ENGEL AUS DER GARAGE?
MIT WEM SPRICHT ER?
ZEIG DICH UND ANTWORTE... WARUM BIST DU HIER?
GUTE NASE, DAGON... ICH KONNTE MICH NOCH NIE VOR DIR VERSTECKEN.
Raaaaag!!

AAAHH!!!!
THUNK!
KAPITÄN, WIR HABEN DAS SIGNAL DES LETZTEN "AGENTEN" VERLOREN... SOLLEN WIR WEITERMACHEN?
MACHT WEITER. SCHIESST ZWEI TORPEDOS AUF DIE ZENTRALSTRUKTUR. DAS IST ZWAR NICHT RICHTIG, ABER WIR HABEN ALLES GETAN, UM DAS LEBEN UNSCHULDIGER ZU RETTEN.
NOCH EINS, STORMOVIK: VERGEWISSERN SIE SICH, DASS DAS GOLD AUF UNSEREM KONTO DEPONIERT IST, BEVOR SIE SCHIESSEN. ICH WERDE FERIEN IN DER SONNE BRAUCHEN, UM MICH VON DIESER TRAGÖDIE ZU ERHOLEN.
FLUSH
FLUSH
WO SOLLEN WIR JETZT HINGEHEN, UMMA? DAS ANDERE UNGEZIEFER KÖNNTE HIER ÜBERALL SEIN.
ICH VERSTEHE NICHT, WAS HIER VOR SICH GEHT... SIEHT SO AUS, ALS OB JEMAND EINE RECHNUNG BEGLEICHT.
KROOM!
KRASK!
DER KERN BRENNT!
ICH GLAUBE, IRGENDWAS HAT UNS GETROFFEN.
WRAMM
WAS IST PASSIERT?
WIR WURDEN ANGEGRIFFEN! ES KÖNNTE JEDE REGIERUNG GEWESEN SEIN. ÜBERLEBEN IST JETZT DAS EINZIG WICHTIGE! RENNT ZU DEN BOTEN, IN WENIGEN MINUTEN WIRD DAS SCHUTZSCHILD ZUSAMMENBRECHEN!

EINIGE ZEIT SPÄTER...
VERBRECHER TAXIS! VERBRECHER TAXIS!
HILFE!
HEY UMMA! ICH BIN HIER!
DIE LETZTE!
SIE WAREN AUF DEM WEG NACH RUSSLAND, NICHT WAHR? ... DAS HIER IST NICHT UMSONST. KÖNNEN ALLE BEZAHLEN?

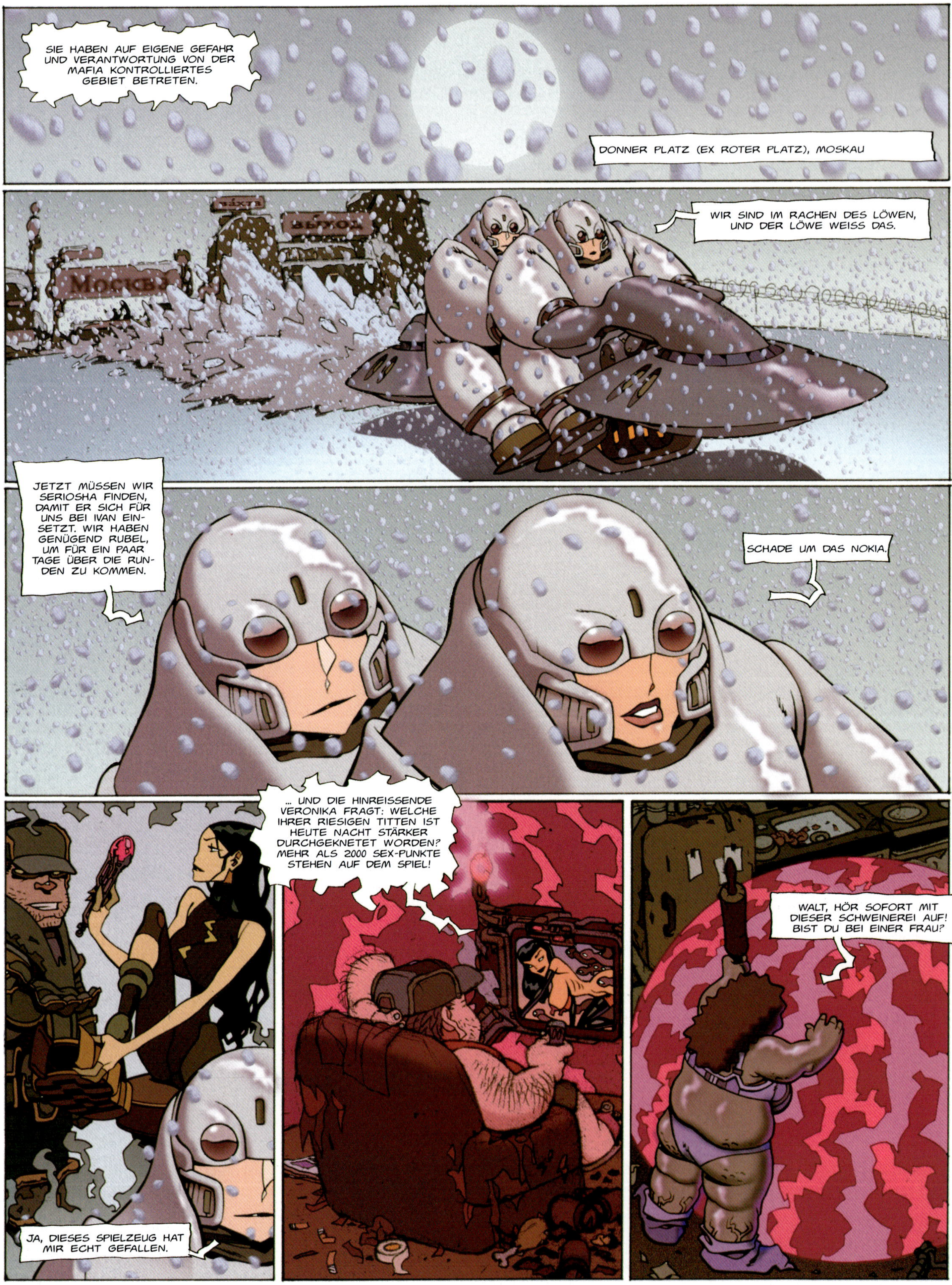
SIE HABEN AUF EIGENE GEFAHR UND VERANTWORTUNG VON DER MAFIA KONTROLLIERTES GEBIET BETRETEN.
DONNER PLATZ (EX ROTER PLATZ), MOSKAU
WIR SIND IM RACHEN DES LÖWEN, UND DER LÖWE WEISS DAS.
JETZT MÜSSEN WIR SERIOSHA FINDEN, DAMIT ER SICH FÜR UNS BEI IVAN EIN-SETZT. WIR HABEN GENÜGEND RUBEL, UM FÜR EIN PAAR TAGE ÜBER DIE RUN-DEN ZU KOMMEN.
SCHADE UM DAS NOKIA.
JA, DIESES SPIELZEUG HAT MIR ECHT GEFALLEN.
... UND DIE HINREISSENDE VERONIKA FRAGT: WELCHE IHRER RIESIGEN TITTEN IST HEUTE NACHT STÄRKER DURCHGEKNETET WORDEN? MEHR ALS 2000 SEX-PUNKTE STEHEN AUF DEM SPIEL!
WALT, HÖR SOFORT MIT DIESER SCHWEINEREI AUF! BIST DU BEI EINER FRAU?

PRETEEN
MEGA TITS CONTEST
SEX
SEX
NICHT EIN EINZIGER TUNGUSKA IN SICHT. SIE SIND SICHER DAMIT BESCHÄFTIGT, DIE SIPPSCHAFT VON SANKT BASIL ZU KONTROLLIEREN.
SEX
MEGA TITS CONTEST
SANKT BASIL... ICH WAR DORT HÄUFIG MIT SERIOSHA ZUM ESSEN...
... ALS ES NOCH EIN RESTAURANT MIT NIVEAU WAR.
BEVOR ES IN DIE HÄNDE VON IVAN FIEL, WAR ES EIN WUNDERVOLLER ORT.

WIR SIND DA. RUF IHN AN... ABER PASS AUF, WAS DU IHM SAGST.
HERR SERIOSHA, AM EINGANG WARTET EIN GESCHENK AUS DEN ROSA GÄRTEN VON SANKT BASIL AUF SIE...
UMMA! ICH KANN ES NICHT GLAUBEN... WAS ZUM TEUFEL MACHST DU HIER? IVAN TOBT!
HALLO, SERIOSHA.
WIR KÖNNEN NICHT AUF RUSSISCHEM BODEN BLEIBEN.
DIMITRI, MACH SOFORT DAS FLUGZEUG STARTKLAR!

DAS IST EINE UNGLAUBLICHE GESCHICHTE... DIE THEORIE, DIE MAN DIR AM EHESTEN ABKAUFT, IST, DASS SIE DIR IRGENDWIE BIS NACH "NEVERLAND-6" GEFOLGT SIND.
DAS HOFFE ICH.
DANKE, DASS DU ZURÜCKGEKOMMEN BIST, UMMA... ICH DACHTE, DURCH DEINEN ERFOLG HÄTTEST DU MICH VERGESSEN.
NATÜRLICH NICHT.
IVAN MACHT GERADE GESCHÄFTE IN NEW YORK. ICH WERDE HINFAHREN UND MIT IHM REDEN. ER HÖRT IMMER AUF MICH. SCHLIESSLICH BIN ICH SEIN BESTER GENETIKER.
IST DAS GEFÄHRLICH FÜR DICH?
NUR WENN IVAN DENKT, DASS ICH LÜGE... LÜGE ICH, WENN ICH SAGE, DASS DU ES NICHT WARST?
NEIN.
DANN SEI UNBESORGT. ICH MUSS NOCH EIN PAAR SACHEN REGELN.
TY MNYE OCHEN POMOG, DO SVIDANIYA!
BEGLEITE MICH, LORDY. DAS WIRD DIR SPASS MACHEN.
HÖRT ZU, EIN FREUND WIRD ZU EINER MILITÄRMISSION AUFBRECHEN UND EUCH AUS RUSSLAND RAUSBRINGEN. IHR WERDET NACH AFRIKA GEHEN UND IN EINEM HOTEL IN KAIRO AUF MEINEN ANRUF WARTEN, O.K.?
DEIN FLUGZEUG IST UNGLAUBLICH, SERIOSHA!
GROSSARTIG! DANN KÖNNEN WIR UNS DIESE VON DEN TREAKIES ENTHAUPTETE SPHINX ANSEHEN!
ICH HABE ETWAS ÜBER DEN GEHEIMSEKTOR UNTERHALB DES GENMARKTES, VON DEM IHR MIR ERZÄHLT HABT, HERAUSGEFUNDEN. ICH BIN SICHER, DASS ES EUCH ÜBERRASCHEN WIRD.

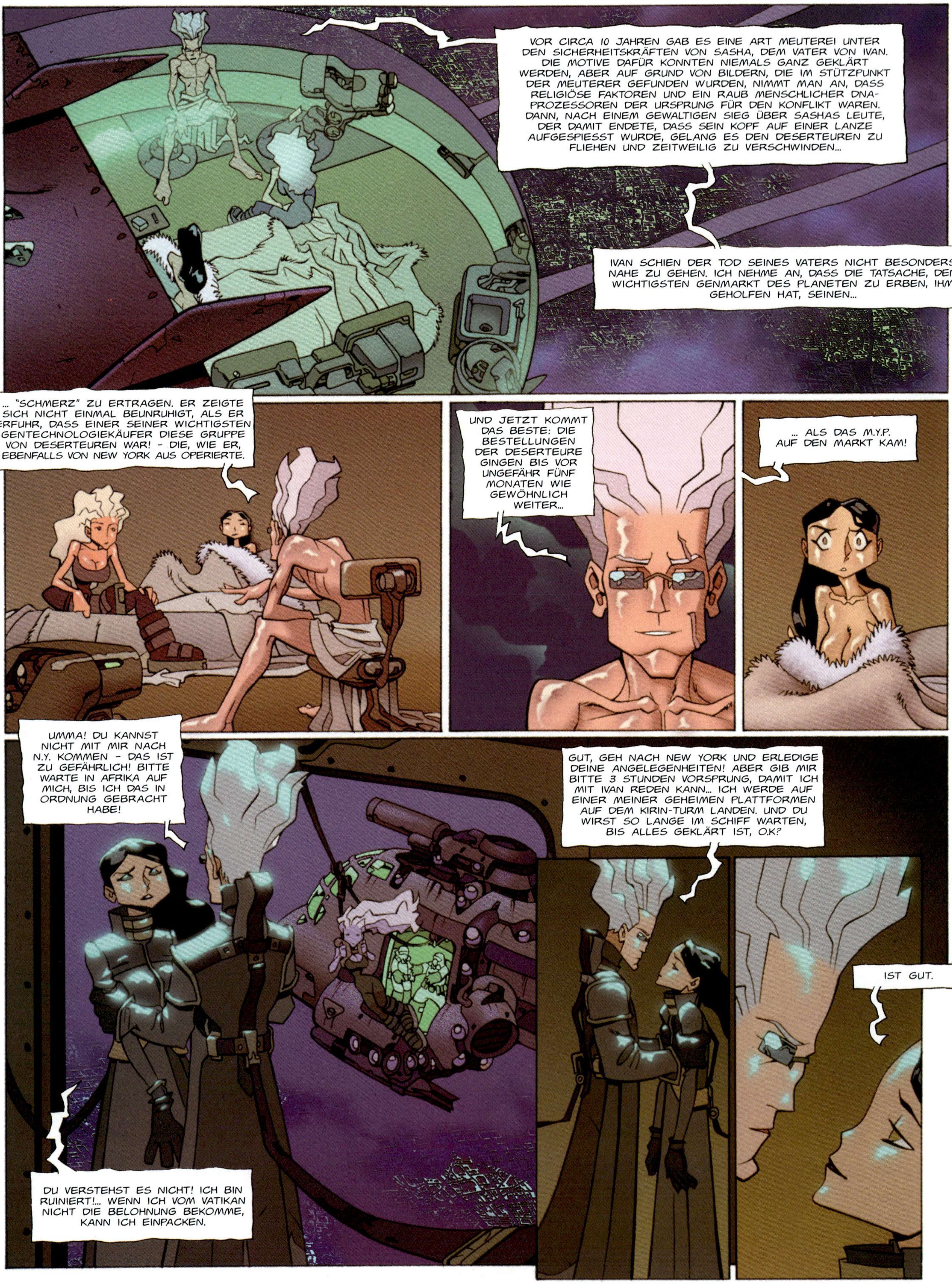
VOR CIRCA 10 JAHREN GAB ES EINE ART MEUTEREI UNTER DEN SICHERHEITSKRÄFTEN VON SASHA, DEM VATER VON IVAN. DIE MOTIVE DAFÜR KONNTEN NIEMALS GANZ GEKLÄRT WERDEN, ABER AUF GRUND VON BILDERN, DIE IM STÜTZPUNKT DER MEUTERER GEFUNDEN WURDEN, NIMMT MAN AN, DASS RELIGIÖSE FAKTOREN UND EIN RAUB MENSCHLICHER DNA-PROZESSOREN DER URSPRUNG FÜR DEN KONFLIKT WAREN. DANN, NACH EINEM GEWALTIGEN SIEG ÜBER SASHAS LEUTE, DER DAMIT ENDETE, DASS SEIN KOPF AUF EINER LANZE AUFGESPIESST WURDE, GELANG ES DEN DESERTEUREN ZU FLIEHEN UND ZEITWEILIG ZU VERSCHWINDEN...
IVAN SCHIEN DER TOD SEINES VATERS NICHT BESONDERS NAHE ZU GEHEN. ICH NEHME AN, DASS DIE TATSACHE, DEN WICHTIGSTEN GENMARKT DES PLANETEN ZU ERBEN, IHM GEHOLFEN HAT, SEINEN...
... "SCHMERZ" ZU ERTRAGEN. ER ZEIGTE SICH NICHT EINMAL BEUNRUHIGT, ALS ER ERFUHR, DASS EINER SEINER WICHTIGSTEN GENTECHNOLOGIEKÄUFER DIESE GRUPPE VON DESERTEUREN WAR! - DIE, WIE ER, EBENFALLS VON NEW YORK AUS OPERIERTE.
UND JETZT KOMMT DAS BESTE: DIE BESTELLUNGEN DER DESERTEURE GINGEN BIS VOR UNGEFÄHR FÜNF MONATEN WIE GEWÖHNLICH WEITER...
... ALS DAS M.Y.P. AUF DEN MARKT KAM!
UMMA! DU KANNST NICHT MIT MIR NACH N.Y. KOMMEN - DAS IST ZU GEFÄHRLICH! BITTE WARTE IN AFRIKA AUF MICH, BIS ICH DAS IN ORDNUNG GEBRACHT HABE!
DU VERSTEHST ES NICHT! ICH BIN RUINIERT!... WENN ICH VOM VATIKAN NICHT DIE BELOHNUNG BEKOMME, KANN ICH EINPACKEN.
GUT, GEH NACH NEW YORK UND ERLEDIGE DEINE ANGELEGENHEITEN! ABER GIB MIR BITTE 3 STUNDEN VORSPRUNG, DAMIT ICH MIT IVAN REDEN KANN... ICH WERDE AUF EINER MEINER GEHEIMEN PLATTFORMEN AUF DEM KIRIN-TURM LANDEN. UND DU WIRST SO LANGE IM SCHIFF WARTEN, BIS ALLES GEKLÄRT IST, O.K?
IST GUT.

ES TUT MIR LEID, SERIOSHA, ICH BIN EINFACH SO MÜDE...
ICH VERSTEHE DICH, UMMA. RUH DICH ETWAS AUS. ICH WERDE DIR BESCHEID SAGEN, WENN WIR IN AMERIKA SIND.
BIS GLEICH, UMMA.
SAG MIR ALLES, MEINE TOCHTER.
DAS IST ALLES, HEILIGER VATER. DIE UNGLÄUBIGEN VERSTECKEN SICH IN NEW YORK...
DU HAST GUTE ARBEIT GELEISTET, MEIN KIND. DU BIST ZWEIFELLOS EINES DER LIEBLINGSKINDER UNSERES HERREN... UMMA! FRÄULEIN UMMA!
FRÄULEIN UMMA...
ANTWORTEN SIE!
SCHNELL, WIR MÜSSEN HIER RAUS!
WAS... WAS IST LOS?
ICH ARBEITE FÜR SERIOSHA IVANOVICH. ER SAGTE MIR, DASS, WENN ICH IN ZWEI STUNDEN KEINEN ANRUF VON IHM ERHALTEN WERDE, ICH SIE SOFORT AUSSER LANDES UND IN SICHERHEIT BRINGEN SOLL.
LETZTER ANRUF:
BLAUER VATIKAN
DAUER: 01.14.01
NEEIIN! SERIOSHA! NEEIN!
STOPP! SIE DÜRFEN NICHT AUSSTEIGEN!

KIRIN-TURM LANDEBAHN, NEW YORK. 12:04 PM
WAS HABE ICH DIR NUR ANGE-TAN, SERIOSHA?

* SUBJEKT: "DER BÜSSER"

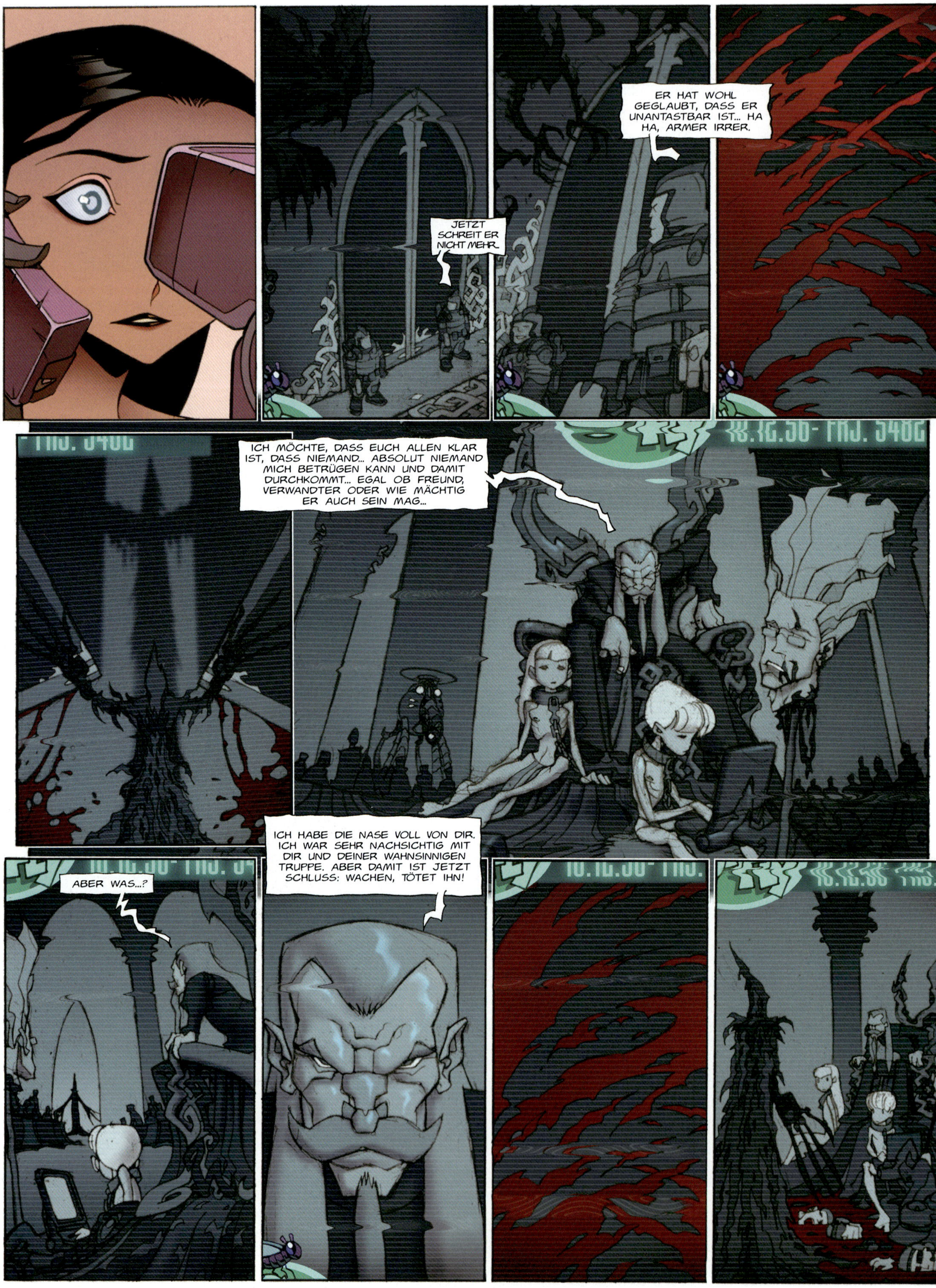

JETZT SCHREIT ER NICHT MEHR.
ER HAT WOHL GEGLAUBT, DASS ER UNANTASTBAR IST... HA HA, ARMER IRRER.
ICH MÖCHTE, DASS EUCH ALLEN KLAR IST, DASS NIEMAND... ABSOLUT NIEMAND MICH BETRÜGEN KANN UND DAMIT DURCHKOMMT... EGAL OB FREUND, VERWANDTER ODER WIE MÄCHTIG ER AUCH SEIN MAG...
ABER WAS...?
ICH HABE DIE NASE VOLL VON DIR. ICH WAR SEHR NACHSICHTIG MIT DIR UND DEINER WAHNSINNIGEN TRUPPE. ABER DAMIT IST JETZT SCHLUSS: WACHEN, TÖTET IHN!

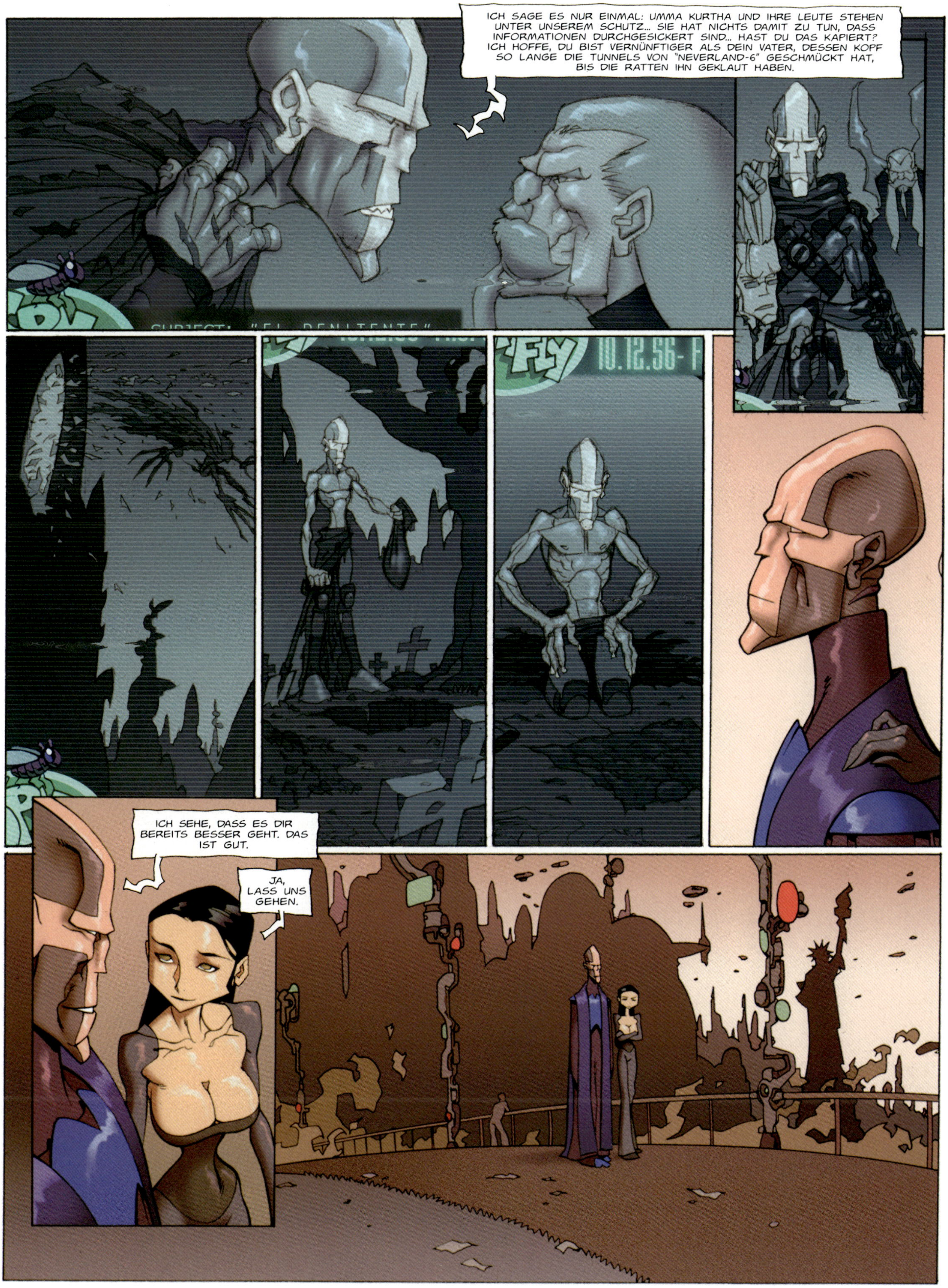
ICH SAGE ES NUR EINMAL: UMMA KURTHA UND IHRE LEUTE STEHEN UNTER UNSEREM SCHUTZ... SIE HAT NICHTS DAMIT ZU TUN, DASS INFORMATIONEN DURCHGESICKERT SIND... HAST DU DAS KAPIERT? ICH HOFFE, DU BIST VERNÜNFTIGER ALS DEIN VATER, DESSEN KOPF SO LANGE DIE TUNNELS VON "NEVERLAND-6" GESCHMÜCKT HAT, BIS DIE RATTEN IHN GEKLAUT HABEN.
FLY
10.12.56- F
ICH SEHE, DASS ES DIR BEREITS BESSER GEHT. DAS IST GUT.
JA, LASS UNS GEHEN.

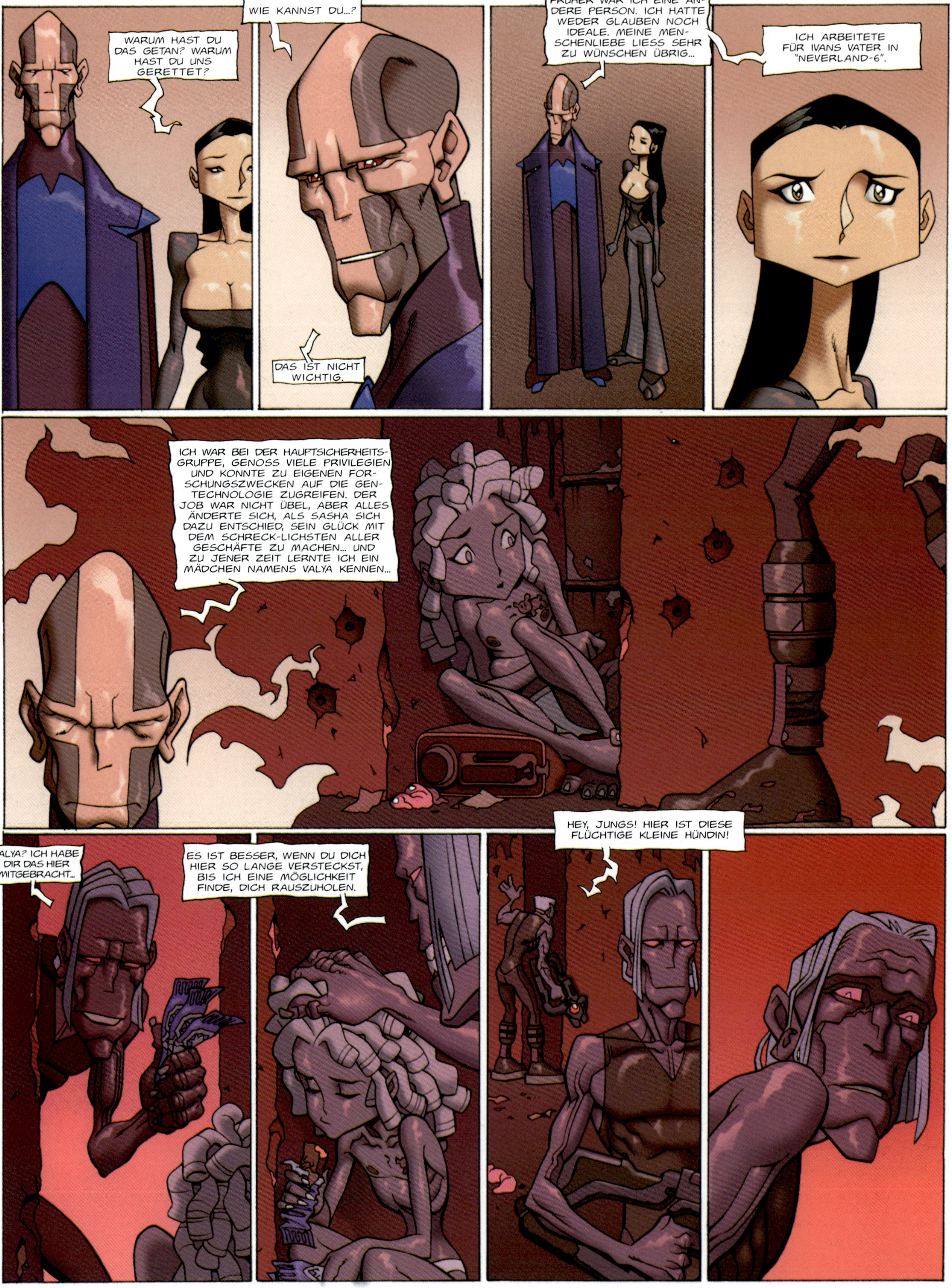
WARUM HAST DU DAS GETAN? WARUM HAST DU UNS GERETTET?
WIE KANNST DU...?
DAS IST NICHT WICHTIG.
FRÜHER WAR ICH EINE ANDERE PERSON. ICH HATTE WEDER GLAUBEN NOCH IDEALE. MEINE MENSCHENLIEBE LIESS SEHR ZU WÜNSCHEN ÜBRIG...
ICH ARBEITETE FÜR IVANS VATER IN "NEVERLAND-6".
ICH WAR BEI DER HAUPTSICHERHEITSGRUPPE, GENOSS VIELE PRIVILEGIEN UND KONNTE ZU EIGENEN FORSCHUNGSZWECKEN AUF DIE GENTECHNOLOGIE ZUGREIFEN. DER JOB WAR NICHT ÜBEL, ABER ALLES ÄNDERTE SICH, ALS SASHA SICH DAZU ENTSCHIED, SEIN GLÜCK MIT DEM SCHRECK-LICHSTEN ALLER GESCHÄFTE ZU MACHEN... UND ZU JENER ZEIT LERNTE ICH EIN MÄDCHEN NAMENS VALYA KENNEN...
VALYA? ICH HABE DIR DAS HIER MITGEBRACHT...
ES IST BESSER, WENN DU DICH HIER SO LANGE VERSTECKST, BIS ICH EINE MÖGLICHKEIT FINDE, DICH RAUSZUHOLEN.
HEY, JUNGS! HIER IST DIESE FLÜCHTIGE KLEINE HÜNDIN!

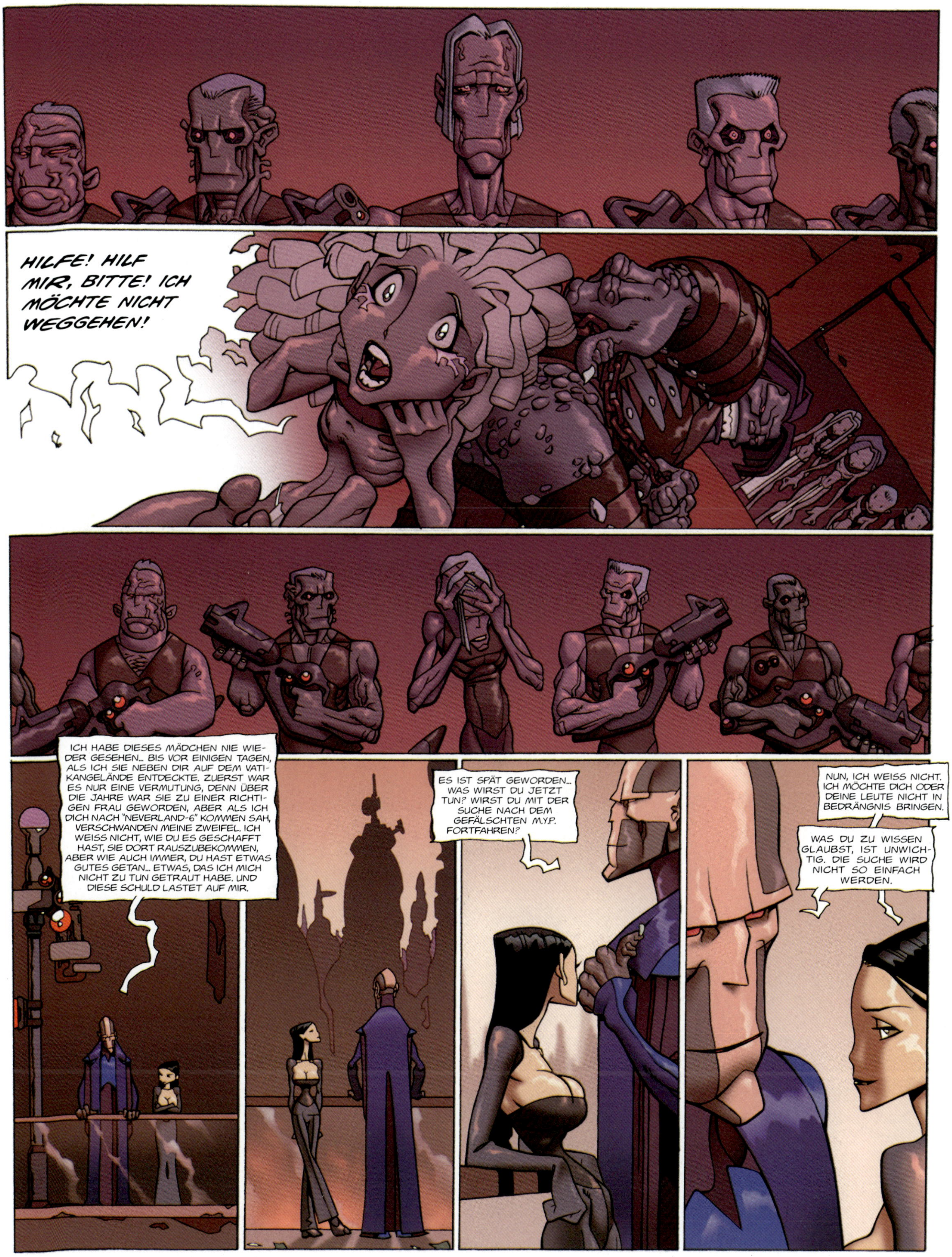

HILFE! HILF MIR, BITTE! ICH MÖCHTE NICHT WEGGEHEN!
ICH HABE DIESES MÄDCHEN NIE WIEDER GESEHEN... BIS VOR EINIGEN TAGEN, ALS ICH SIE NEBEN DIR AUF DEM VATIKANGELÄNDE ENTDECKTE. ZUERST WAR ES NUR EINE VERMUTUNG, DENN ÜBER DIE JAHRE WAR SIE ZU EINER RICHTIGEN FRAU GEWORDEN, ABER ALS ICH DICH NACH "NEVERLAND-6" KOMMEN SAH, VERSCHWANDEN MEINE ZWEIFEL. ICH WEISS NICHT, WIE DU ES GESCHAFFT HAST, SIE DORT RAUSZUBEKOMMEN, ABER WIE AUCH IMMER, DU HAST ETWAS GUTES GETAN... ETWAS, DAS ICH MICH NICHT ZU TUN GETRAUT HABE. UND DIESE SCHULD LASTET AUF MIR.
ES IST SPÄT GEWORDEN... WAS WIRST DU JETZT TUN? WIRST DU MIT DER SUCHE NACH DEM GEFÄLSCHTEN M.Y.P. FORTFAHREN?
NUN, ICH WEISS NICHT. ICH MÖCHTE DICH ODER DEINE LEUTE NICHT IN BEDRÄNGNIS BRINGEN.
WAS DU ZU WISSEN GLAUBST, IST UNWICHTIG. DIE SUCHE WIRD NICHT SO EINFACH WERDEN.

… ICH MÖCHTE NICHT, DASS DU DICH MIR GEGENÜBER VERPFLICHTET FÜHLST.
PAF!
WAS WAR DAS?
NICHTS. NUR EINE WESPE.
BIS BALD, UMMA… UND TU, WAS DU TUN MUSST. WIR SIND QUITT.
NEIN, NACHDEM, WAS DU FÜR MICH GETAN HAST, WERDEN WIR NIEMALS QUITT SEIN KÖNNEN…
… ABER ZUMINDEST FÜHLE ICH MICH JETZT VIEL BESSER.
ENDE